观赏芍药

Herbaceous Peonies

于晓南　著

中国林业出版社
China Forestry Publishing House

观赏芍药

Herbaceous Peonies

于晓南 著

图书在版编目（CIP）数据

观赏芍药 / 于晓南著. -- 北京 : 中国林业出版社,
2019.3

ISBN 978-7-5219-0162-7

Ⅰ.①观… Ⅱ.①于… Ⅲ.①芍药－观赏园艺 Ⅳ.
①S682.1

中国版本图书馆CIP数据核字（2019）第146312号

中国林业出版社·自然保护分社〔国家公园分社〕

策划编辑：刘家玲

责任编辑：刘家玲　甄美子

出	版：	中国林业出版社（100009　北京西城区德内大街刘海胡同 7 号）
网	址：	http://www.forestry.gov.cn/lycb.html
电	话：	（010）83143519　83143616
制	版：	北京美光设计制版有限公司
印	刷：	北京中科印刷有限公司
版	次：	2019 年 11 月第 1 版
印	次：	2019 年 11 月第 1 次
开	本：	889mm×1194mm　1/16
印	张：	16
字	数：	470 千字
定	价：	200.00 元

《观赏芍药》
编写人员

于晓南　杨　勇　朱　炜　范永明

王　琪　张建军　王玉蛟　陈启航

高　凯　张　滕　郝丽红　李建光

宋焕芝　刘建鑫　郑严仪　赵　芮

Preface | 前 言

芍药，因花姿"绰约"（谐音）而得名，最早的记载出现在《诗经》中。

芍药是中国的传统名花，有"百花之中，其名最古"的美誉。娇柔的身姿、妍丽的花朵、沁人的芳香，倾倒无数文人墨客，成为"美人"代称，因而有"娇客"一名流传至今。《红楼梦》里有"史湘云醉卧芍药茵"，古典园林建筑里的"芍药栏"又名"美人靠"，《镜花缘》里借才女上官婉儿之口，将芍药评为花格"十二师"之一，推崇备至。

芍药更是世界名花，在欧洲被誉为"花中皇后"。她的花型饱满，美轮美奂，成为西方婚礼的主角，获得"Wedding Flower"的殊荣。近些年芍药的鲜切花，成为冉冉上升的一种"新花卉"，受到国际花卉市场的瞩目。

本书立足于课题组十多年的研究成果，借鉴国内外相关领域的最新发现，为读者梳理了芍药在中西方文化中的发展脉络，介绍了国内外的野生资源与品种分类、繁殖栽培技术、园林配置应用，并阐述了芍药育种的方法与最新成果。

本书可以为从事芍药、牡丹方面的科研工作者、花卉生产者、个人爱好者提供系统的理论知识和实用的生产技能。

感谢苑庆磊硕士对芍药花文化史料的收集。感谢陈莉祺、殷亦佳、董志君为本书进行的文字校对。感谢陈汝方先生提供栽培技术资料。感谢吴琛瑜、李安安、钱宇晨提供部分图片。

于晓南 于北京
2019 年 6 月 26 日

目录 | *Contents*

第三章　观赏芍药的品种分类

第四章　观赏芍药的生长发育

第五章　观赏芍药的繁殖与栽培

第六章　观赏芍药育种研究

第七章　观赏芍药的应用价值

第八章　观赏芍药名品介绍

第一章

中西方

芍药

历史与文化

芍药是我国的传统名花，属芍药科（Paeoniaceae）芍药属（Paeonia）多年生草本植物，拉丁学名为 *Paeonia lactiflora* Pall.。她姿态娇艳，仪态万千，给人以无限的美学享受。唐代大文学家韩愈在《咏芍药》中写道："浩态狂香昔未逢，红灯烁烁绿盘笼。觉来独对情惊恐，身在仙宫第几重。"该诗栩栩如生地描述了芍药馥郁的花香、艳丽的花色，令人置身花丛，如入仙境。《本草纲目》载"芍药犹绰约也。绰约，美好貌。此草花，貌绰约，故以为名。"以花的姿容（谐音）为之命名，足见其天生丽质，令人一见难忘。

芍药又名可离、将离、离草、娈尾春，因为芍药花期为春末夏初，此时"凡卉与时谢"，只因"花工怜寂寞，尚留芍药殿春风"，芍药成为春天里最后的一抹景色，独自为灿烂的春光谢幕。欣赏的同时，不免使人产生怜花惜春之情，并进一步生发出珍惜光阴、珍重人间情意的感叹。除此之外，人们出于各种原因，还为芍药起了很多美好的别名，比如没骨花、娇客、余容等，似乎只有这样才能更全面地反映芍药在审美上的玲珑百态，才能更充分地表达人们长盛不衰的喜爱之情。

—▪ 第一节 ▪—
芍药的起源和栽培历史

在我国，芍药的起源和栽培最早可追溯到夏商时代，这在百花之中几可称最。据宋人郑樵《通志·略》云："芍药著于三代之际，风雅所流咏也。"三代即指夏、商、周三朝，可见芍药栽培历史之悠久。因此，北宋文学家王禹偁称之为："百花之中，其名最古。"起源已不可考的上古地理志《山海经》中有多处芍药的记载，基本上可以反映当时野生芍药的分布。作为我国现实主义诗歌源头的《诗经》中有青年男女互赠芍药的记载，这说明在春秋时期赠送芍药已然成为当时的社会风俗。成书于秦汉时期的《神农本草经》中也有野生芍药的记载，主要介绍芍药的药名、别名、性味、主治功效、生长环境等，奠定了后世本草著作记述芍药的基本框架。

至魏晋南北朝时期，芍药进入了她在百花中独领风骚的园艺时代。魏晋园林注重植物景观的营造，仿写自然山水。这一时期，芍药的种植遍及皇家宫殿和士大夫庭院。《晋宫阁台》："晖章殿前，芍药花六畦。"晖章殿位于魏都洛阳宫城。《建康记》记载："建康出芍药极精好。"晋散骑常侍傅统之妻辛萧有《芍药花颂》："晔晔芍药，植此前庭。"南朝齐代诗人谢朓写有"红药当阶翻，苍苔依砌上"的诗句（《直中书省》）。晋与齐之国都都在建康（今南京）。由此可见，洛阳与建康是当时芍药栽培盛地。

唐代芍药与牡丹、梅花、兰花、月季、菊花一起列名于"六大名花"。唐西都长安与东都洛阳牡丹与芍药并重，形成集中的栽培中心。据明代张岱《夜航船·植物部》载："唐留守李迪以芍药乘驿进御，玄宗始植之禁中"，芍药开始在皇都栽培。玄宗朝名相张九龄《苏侍郎紫薇庭各赋一物得芍药》诗有"仙禁生红药，微芳不自持"之句，可与之相互印证。皇家的喜爱带来了民间群起仿效，中唐之后，芍药的栽植地点也逐渐转移到了士大夫的私家庭院甚至一些普通百姓家中，孟郊《看花》有云："家家有芍药，不妨至温柔。"相应的诗歌作品逐渐增多，据统计，《全唐诗》中芍药意象出现了 97 次，存于 55 篇诗中，多见于中晚唐时期。此外，芍药也开始被用于寺庙美化之中。元稹在《和友封题开善寺十韵》描述："梁王开佛庙，云构岁时遥……匠正琉璃瓦，僧锄芍药苗。"

到了宋代，芍药的栽培出现了一个相当繁盛的局面，并出现了历代之中数量最多的芍药谱记。刘颁《芍药谱》载，芍药花开时节"自广陵南至姑苏，北入射阳，东至通州海上，西止滁和州，数百里间人人厌观矣。"可见当时江苏、安徽等地都栽培了大量的芍药，而且具备了规模化的特点。另有咸淳《临安志》和周师厚《洛阳花木记》记载了杭州和洛阳等地芍药栽培的规模，但各地之中尤以扬州的栽植为最盛。《东坡志林》称"扬州芍药为天下冠"。孔武仲《芍药谱序》也称"扬州芍药，名于天下，与洛阳牡丹，俱贵于时。""芍药之盛，环广陵（即扬州）四十五里之间为然，外是则薄劣不及。"王观《芍药谱》中"今则有朱氏之园，最为冠绝，南北二圃所种几于五六万株，意其自古种花之盛，未之有也。朱氏当其花之盛开，饰亭宇以待来游者，逾月不绝。"当为芍药大型专类园展览之始，足见爱花、赏花之盛况。

据统计，刘颁的《芍药谱》中记载了扬州芍药 31 个品种；孔武仲的《芍药谱》中记载了 33 个品种，并指出芍药花色以黄色最为珍贵；周师厚的《洛阳花木记》载 41 个品种；艾丑的《芍药谱》载 24 个品种；绍熙的《广陵志》载 32 个品种等。这些谱记详细记载了当时的芍药栽培状况、栽培技术、芍药品种，具有重要的史料价值。

至元代，据马祖常《五月芍药》："红芍花开端午时，江南游客苦相疑。上京不是春光晚，自是天家日景迟。"上京在今内蒙古自治区锡林郭勒盟，为元代夏都，因气候凉爽成为皇帝避暑之地，芍药花期亦晚至端午。杨允孚《滦京杂咏》载"（滦京，即上京）草地芍药初生，软而美，居人多采食之"，并有诗："东风亦肯到天涯，燕子飞来相国家。若较内园红芍药，洛阳输却牡丹花。"注云："内园芍药迷望，亭亭直上数尺许，花大如斗。扬州芍药称第一，终不及上京也。"一方面说明扬州芍药栽培仍具有较大规模，另一方面说明上京芍药发展迅速，更胜于扬州。

明清两朝，芍药的栽培有增无减，而且栽培技术又有进步，但栽培的中心发生了改变。在明朝，扬州芍药经历长期的发展，一度恢复昔日盛况，周文华《汝南圃史》称述"扬州之芍药冠天下"，但其他地方的芍药发展很快，种植范围已远远超过前代。明代小品文大家张岱《陶庵梦忆》载"兖州种芍药者如种麦，以邻以亩。花时宴客，棚于路，彩于门，衣于壁，障于屏，缀于帘，簪于席，苗于阶者，毕用之，日费数千勿惜。"张岱甚至还发现了芍药的一些新品种，《陶庵梦忆·一尺雪》："一尺雪为芍药异种，余于兖州见之。花瓣纯白，无须萼无檀心，无星星红紫，洁如羊脂，细如鹤翮，结楼吐舌，粉艳雪腴。上下四旁方三尺，干小而弱，力不能支，蕊大如芙蓉，辄缚一小架扶之。非兖勿见之也。"明末清初园艺家陈淏子在《花镜·卷六·芍药》载"唯广陵者为天下最。近日四方竞尚，俱有美种佳花矣。"

清代，自宫禁至民间皆好芍药，如清康熙的畅春园即以牡丹、芍药著称，被称为"花海"。北京丰台芍药承元明之盛，犹胜往昔。潘荣陛《帝京岁时纪胜》："京都花木之盛，惟丰台芍药甲于天下……今扬州遗种绝少，而京师丰台，于四月间连畦接畛，倚担市者日万余茎。游览之人，轮毂相望。"《京师偶记》记载"丰台芍药最盛，园丁折以入市者几千万朵，花较江南者更大。"清康熙年间《江南通志》记载徐州府多植芍药，极为奇盛。乾隆年间《扬州画舫录》记载了扬州北郊自茱萸湾至大明寺，以及湖上特别是筱园一带，每年暮春时芍药盛开，花似锦绣，但其后却逐渐衰落。嘉庆年间安徽亳州成为"芍药之乡"，诗人刘开诗曰："小黄城外芍药花，十里五里生朝霞。花前花后皆人家，家家种花如桑麻。"小黄乃是亳州的别名。道光《安徽通志》中说到颖州府所产芍药"重台茂密，芳香不散。以亳出者，甲于四方"。此后，芍药栽培中心转到山东曹州（今山东菏泽）。光绪十一年《菏泽县志》记载："牡丹、芍药各百余种，土人植之，动辄数十百亩，利厚于五谷。每当仲春花发，出城迤东，连阡接陌，艳若蒸霞。"此外，还有一些地方也产芍药，如浙江中部，山东登州、莱阳、昌邑，山西汾西、和顺，河南鄢陵，陕西、甘肃、四川、湖南、云南、福建等地。

民国时期，由于社会较为动荡，芍药发展遭到破坏，但是一些历史上的种植中心保留了种植习惯，仍有规模化栽培。比如，早在宋代就大量种植芍药的磐安，民国时期出现了"药花开满若霞绮，玄参白术与白芍"，"万国皆来市"的盛况。

改革开放后，我国园林园艺事业飞速发展，芍药以东北、华北、山东、陕西及甘肃南部为主要栽培地区，零散栽培遍及全国各地。

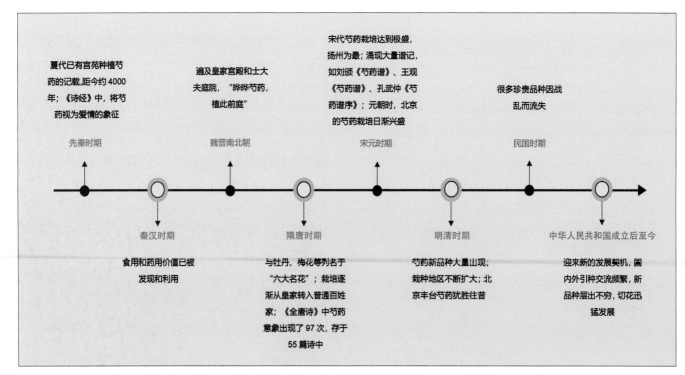

图 1-1　中国芍药栽培历史进程图

第二节
芍药的花品、花格、花韵

古人以花为友，常常赋予她只有人才具有的品质。这既可以寄托某种志向与情怀，又增加了赏花的情趣。宋王徽《芍药华（花）赋》："原夫神区之丽草兮，凭厚德而挺授。翕光液而发藻兮，飐风晖而振秀。"认为芍药优美的风致、沁人的芳香是由于她内心的"厚德"，是她良好德行的外部表现。

中国花文化的核心精神是花的人格化，可以说花格依附于人格，人格又寄托于花格。清之奇幻小说《镜花缘》第五回中，才女上官婉儿按花格高下将花评为"十二师"、"十二友"、"十二婢"。"所谓师者，即如牡丹，兰花，芍药，海棠，水仙，蜡梅，杜鹃，玉兰之类，或古香自异，或国色无双。此十二种品列上等。当其开时，虽亦玩赏，然对此态浓意远，骨重香严，每觉肃然起敬，不啻事之如师。"虽是小说家言，但也反映了当时赏花文化的细致化。

芍药花期春末，有"殿春"之名，此时桃、李、杏花都已败落，展现出"敢殿三春后，乐让百花先"的恬退谦逊、不媚俗流的高尚品格和气质。此外，芍药花期虽晚，花色却极其美丽，远超很多早开的花卉，其中蕴含着一种不畏冷眼、厚积薄发的品质。清代康熙朝王式丹命途坎坷，屡试不第，但其口不言败，至老刻苦攻读，曾赋《芍药诗》："开时不用嫌君晚，君在青云最上头"，以芍药自况，虽晚犹争，终于在59岁时跃上龙门，成为著名的"花甲状元"。时人钦佩其百折不挠的精神，赠以"王芍药"的美名。

花韵是指花的韵致，花的形象、气质之美。《艺文类聚》载晋人傅统之妻《芍药花颂》曰：

晔晔芍药，植此前庭。

晨润甘露，昼晞阳灵。

曾不踰时，荏苒繁茂。

绿叶青葱，应期秀吐。

绷蕊攒挺，素华菲敷。

光譬朝日，色艳芙蕖。

媛人是采，以厕金翠。

发彼妖容，增此婉媚。

惟昔风人，抗兹荣华。

聊用兴思，染翰作歌。

在这里，女诗人赞扬了芍药"荏苒繁茂"之态，"应期秀吐"之信，"色艳芙蕖"之姿，表达了作者高洁的情怀，颇有屈原《橘颂》的风采。

唐代著名诗人、文学家元稹在《红芍药》中用工笔画一般的笔触细腻、传神地摹写了芍药的花朵之美、风韵之佳：

芍药绽红绡，巴篱织青琐。

繁丝蹙金蕊，高焰当炉火。

翦刻彤云片，开张赤霞裏。

　　烟轻琉璃叶，风亚珊瑚朵。

　　受露色低迷，向人娇婀娜。

　　酡颜醉后泣，小女妆成坐。

　　艳艳锦不如，夭夭桃未可。

　　晴霞畏欲散，晚日愁将堕。

　　结植本为谁，赏心期在我。

　　采之谅多思，幽赠何由果。

　　北宋文学家黄庭坚的《绝句》对芍药的刻画则更妩媚动人，雾气缭绕中的芍药，好似穿着红舞衣的歌女，挥洒着汗水翩翩起舞：

　　春风一曲花十八，拼得百醉玉东西。

　　露叶烟丛见红药，犹似舞馀和汗啼。

　　苏轼在其《玉盘盂》中曾有诗句："从此定知年谷熟，姑山亲见雪肌肤。"杨万里则借用典故，在其《玉盘盂》中说："欲比此花无可比，且云冰骨雪肌肤。"以仙女的娉婷舞姿和冰骨玉肌形容芍药的清幽高雅。白居易笔下则是"况有晴风度，仍兼宿露垂。疑香薰罨画，似泪著胭脂"，用肌肤、胭脂等词汇形容芍药容色娇艳、姿态柔美。文学作品中多有用芍药比喻女子容貌，或者干脆用芍药为她们命名。无论是芍药高贵的气韵，还是其甘为花后的品格，芍药的姣美形象和精神文化内涵均根植于我国传统文化的土壤之中。

——▪ 第三节 ▪——
中国人的"爱情之花"

　　在西方人的观念中，玫瑰是爱情的象征。由于受西方文化的影响，包括我国在内的很多国家都逐渐接受了这一西方的传统。但我国人民早在春秋时期就有了作为爱情信物的花卉，那就是芍药。《诗经·郑风·溱洧》载有这样的句子："溱与洧，方涣涣兮。士与女，方秉蕑兮。女曰：'观乎？'士曰：'既且。''且往观乎！洧之外，洵訏且乐。'维士与女，伊其相谑，赠之以勺药。"郑玄《毛诗笺》注曰："士与女往观，因相与戏谑，行夫妇之事。其别，则送女以芍药，结恩情也。"朱熹注曰："士女相与戏谑，且以芍药相赠而结思情之厚也。"因此，芍药最早是以结情之物的形象而传之千古的。

　　这一形象在后世诗人的笔墨之中得到了延续。隋代江总《宛转歌》描写一个遭弃女子的悲怆心情："欲题芍药诗不成，来采芙蓉花已散。"作者怀念自己的旧爱，犹如当初溱洧边士女欢爱赠花的往事，但事过境迁，人心善变。芍药具有浓厚的爱情底蕴，其多表达了恋人之间依依不舍之情及盼君归来的思念之意。从诗《欲别》（唐·姚合）中便不难看出这种情怀："山川重叠远茫茫，欲别先忧别恨长。红芍药花虽共醉，绿蘼芜影又分将。鸳鸯有路高低去，鸿雁南飞一两行。惆怅与君烟景迥，不知何日到潇湘。"相爱的人不能在一起，内心的痛苦，借芍药、鸳鸯、鸿雁，表达得淋漓尽致。

有"小杜"之称的唐代诗人杜牧《旧游》云：

> 闲吟芍药诗，惆望久颦眉。
>
> 盼眄回眸远，纤衫整髻迟。
>
> 重寻春昼梦，笑把浅花枝。
>
> 小市长陵住，非郎谁得知。

诗中的女子吟着《诗经》中的芍药诗思念情郎，时而蹙眉怅望，时而把花浅笑，活化了恋爱中的女儿情态。

唐代诗人卢储在《官舍迎内子有庭花开》中写道：

> 芍药斩新栽，当庭数朵开。
>
> 东风与拘束，留待细君来。

细君即题目中"内子"，为作者的妻子。作者面对庭中鲜开的芍药，欣赏的同时，却希望春风放慢催花的脚步，拘束芍药不要一次开完，等待妻子回来再开放。个中真情，比溱洧边的折枝相赠又细腻了几分。

唐·许景先《阳春怨》：

> 红树晓莺啼，春风暖翠闺。
>
> 雕笼熏绣被，珠履踏金堤。
>
> 芍药花初吐，菖蒲叶正齐。
>
> 藁砧当此日，行役向辽西。

藁砧是农村常用的铡草工具，藁指稻草，砧指垫在下面的砧板，铡草的铁器称"鈇"，因"鈇"与"夫"谐音，后以"藁砧"为妇女称丈夫的隐语。诗中女子感于春光之美，尤其是看到芍药花开，不由产生与相爱之人携手共赏的愿望，然而此时丈夫却已出征远行，令其顿生思念。

南宋史达祖《祝英台近》："柳枝愁，桃叶恨，前事怕重记。红药开时，新梦又溱洧。此情老去须休，春风多事。便老去、越难回避。阻幽会。应念偷翦酴醾，柔条暗萦系。节物移人，春暮更憔悴。可堪竹院题诗，藓阶听雨，寸心外、安愁无地。"芍药开时，联想起溱洧河畔的爱情传说。芍药的情花意蕴衍生出了成语"采兰赠药（或采兰赠芍）"，比喻男女互赠礼物，表示相爱。

明代《牡丹亭》是一部思想性和艺术性俱佳的杰作，杜丽娘和柳梦梅在芍药栏边幽会的情节成为我国浪漫主义文学中不朽的篇章，使芍药栏最终确立了"男女两性表情达意的主要场合"及"男女灵肉契合的独特环境"的独特地位。清代，乾隆年间状元汪如洋，曾称芍药为"儿女情苗"。

从《诗经》中的"赠之以芍药"，到唐诗宋词中的相思之花，从元明戏曲中作为男女幽会之所的芍药栏，到清代诗词中"儿女情苗"，乃至小说中"采兰赠芍"成语的形成，可以看出，芍药在我国悠久的传统文化中，一直作为爱情之花存在着。因此，笔者强烈呼吁，复兴芍药的"情花"形象！这也是复兴中国传统文化的一部分，是民族自信的重要体现。

第四节
花中皇后——芍药在国外

在国外尤其是西方国家，芍药被称为"春花皇后"（Queen of Flowers in Spring），被广泛用于婚礼装饰、新娘捧花等场景，人们借此表达对幸福生活的渴望，因而芍药也有"婚礼之花"（Wedding Flower）的美誉。

中国芍药于延喜年间（901—923年）传入日本，日本人甚至连芍药"花相"的称谓也沿袭下来。从现存日本文献来看，芍药首次传入日本见于《本草和名》，该书于918年由深根辅仁奉敕编纂，后散佚。984年《医心方》引《本草和名》文："芍药和名衣比须久须利，一名奴美久须利。"其后在《延喜式》（藤原时平著，927年）中也记载了芍药，称其名为"夷草"和"惠比须草"。"夷草"含义为从异国他乡来的药材。从此，日本开始有了芍药的应用并加以引种栽培。江户时代（1603—1867年），中国芍药的一些改良品种被应用于园艺种植。在熊本藩（日本江户时代的一个封国，又称肥后国），园艺技术被纳入武士的基本素养之一，那些种植技艺高超的武士会受到奖赏。这种氛围大大促进了园艺业的发展，一个典型的代表就是著名的"肥后六花"的形成。"肥后六花"包括芍药、菖蒲、茶梅、牵牛花、菊花、茶花，其中肥后芍药的花期为每年的5月上旬。这个时期的芍药主要是单瓣品种，雄蕊特别发达，颜色明丽，被称为'金蕊盛开'。1700年左右，日本的芍药种植进入繁盛时期，品种多达100个以上，花色有白色、桃色、红色、淡红、紫色、绯红色、绛紫色等多彩绚丽的颜色。神奈川县农业试验场使用一些从中国引进的芍药品种与日本单瓣品种进行杂交，产生了新的品种。神奈川县立农事试验场昭和七年（1932年）出版有《芍药之研究》一书，介绍了日本芍药品种繁育和分类情况。据记载，当时日本已有芍药品种340个，新繁育品种697个。在分类方法上，与中国类似，采用花色和花型两种分类系统。他们将芍药按花色分为白色系、粉色系、红色系、深红至紫色系，按花型分为一重型（Single）、金蕊型（Japanese）、托桂型（Anemone）、皇冠型（Crown）、手毯型（Bomb）、半蔷薇型（Semi-rose）、蔷薇型（Rose）、半八重型（Semi-double）和平蔷薇型（Flat-rose）。日本的文化明显受到中国的影响，但明治维新（19世纪末）后积极学习西方科学技术，芍药栽培和育种技术快速发展。1948年，日本育种家伊藤东一用滇牡丹（*Paeonia delavayi*）和日本芍药'花香殿'（'Kakoden'）杂交，得到了世界上第一个芍药牡丹组间杂种，即著名的"伊藤芍药"。

在欧洲，芍药最先是被当做药材而为人们熟知的。芍药的拉丁学名 *Paeonia lactiflora*，是由帕拉斯（Pallas）于1776年命名的。欧洲在12世纪时，开始栽培南欧原产的荷兰芍药（*P. officinalis*），培育出一些园艺品种，15世纪出现重瓣品种。19世纪初，中国芍药优良品种引入欧洲。这些优良品种优美华丽的风姿秀色，使欧洲原有的芍药品种黯然失色，引起巨大的轰动，许多爱花者为之倾倒。从此，欧洲各国以极大的热情投入于芍药新品种的选育工作，以中国芍药优良品种为亲本进行杂交，成果斐然。

目前，法国的芍药生产主要集中在其西南部，栽培面积在过去的15年增长了10倍。2008年，法国的芍药在国际切花市场上达到了110万枝。很多学者认为，芍药在西方的真正流行始于法国。早在 1835 年，Modeste Guerin 就命名了一些中国芍药品种，19 世纪 50 年代，巴黎的 Charles Verdier 则提供了超过 50 个品种的芍药。法国杂交育种家对芍药表现出的极大兴趣使很多新的品种被培育出来，比如 'Le Printemps' 和 'Avant Garde'，这两个品种目前依然大受欢迎。现在的许多品种，法国家族如 Calot、Crousse、Dessert、Lemon、Millet、Verdier 等均参与了命名，据说，Verdier 家族中不少于 44 个成员都将他们的名字安插在了芍药的品种名中。当牡丹和芍药开始流行之后，在欧洲文化艺术氛围最浓厚的法国，很多画家开始将其作为描绘对象，这其中包括伟大的艺术家爱杜尔·马奈（Edouard Manet，1832—1883 年）、雷诺阿（Pierre-Auguste Renoir，1841—1919 年）、方丹·拉图尔（Henri Fantin-Latour，1836—1904 年）等。直到今天，芍药依然是很多艺术家和绘画爱好者喜爱的绘画对象。

荷兰作为生产了全球最多的芍药种苗和切花的国家，其生产商每年将超过 4800 万枝芍药提供给全世界客户，并且主要用于出口。在切花生产栽培的大约 50 个品种中，有 5 个品种最受欢迎，分别为 'Sarah Berbhardt'、'Karl Rosenfield'、'Dr. Alexander Fleming'、'Duchesse de Nemours' 和 'Shirley Temple'。

在英国，一些早期的诗歌显示，大约在 1375 年，芍药被栽植应用到露地之中。1484 年，英格兰出现了第一幅芍药木刻版画。从 1805 年起，斑克斯（J. Banks）陆续将几个中国芍药品种引入英国，受到了英国人的热烈追捧。英国工业革命以来，欧洲的经济和科学文化水平有了巨大的提升。由于当时先进的植物研究理论和技术水平，欧洲人对于芍药研究的进程很快超越了作为它主产地和原产地的中国，并取得了丰硕的成果。至英国的维多利亚时代（1837—1901 年）和爱德华七世时代（1901—1910 年）芍药的观赏栽培已极为普遍。时至今日，英国

图 1-2　马奈笔下的芍药花
（图片来源：http://www.sohu.com/a/224801583_210135）

图 1-3　梵高笔下的芍药花
（图片来源：http://www.sohu.com/a/278914743_279290）

最古老的园艺植物苗圃之一 Kelways（www.kelways.co.uk）是英国年代最久且最大的优质芍药和牡丹的种植商与供应商。

　　尽管芍药属中有 2 个野生种布朗芍药（*P. brownii*）和加州芍药（*P. californica*）分布于美国西部，但最先在花园中种植的却是荷兰芍药。而从托马斯·杰弗森（Thomas Jefferson）的园艺著作中可以得知，中国芍药约于 1806 年由英国传到美国，此后，美国牡丹、芍药育种家充分利用芍药组植物的种质资源，做了大量芍药育种工作，取得显著成果。其中许多重要杂交组合，中国芍药都是主要的亲本。1903 年，牡丹和芍药爱好者们成立了美国芍药牡丹协会（American Peony Society，APS），以促进人们栽培和使用芍药属植物，提高它在园林应用中的价值，扩展它们作为园林花卉的应用领域，监督品种和种的名称，鼓励和提倡引进、培育和改良新品种，以及举办以展示会员自己种植的植株为内容的花展。此后，APS 在品种整理、芍药育种上做了大量工作。1912 年，由 Coit 最后确定了 750 个合法品种。1976 年，美国 G. Kessenich 编辑出版了《芍药和牡丹品种及其起源》一书，收录了 5000 多个品种，后又续编了 1976—1986 年登录的新品种 429 个。在美国，最著名的育种家当属桑德斯教授（A. P. Saunders，1869—1953 年），被称为"杂种牡丹芍药之父"。他培育出了大量美丽的芍药和牡丹品种，目前依然有很多品种广为流传，如 'Nosegay'、'Red Red Rose'、'Lovely Rose'、'May Lilac' 和 'High Noon' 等。商业化的芍药切花在北美有着很长的历史，批发生产可以追溯至 1884 年。20 世纪早期，芍药切花在美国具有很高的价值，主要被用于阵亡将士纪念日。到 20 世纪 20 年代，随着运输技术的发展，芍药作为一种切花花卉的潜力被充分发掘出来。切下的花蕾在冷藏条件下可以保存数周，完全可以满足将芍药通过铁路交通运输到很远的中心城市的时间需求。切花生产者参与芍药年度展览，为以后竞争激烈的销售市场赢得份额。在这些花展上获奖可以提高自己产品和品牌的知名度，从而获得丰厚的订单，因此参与者甚众。如今，从西海岸的北卡罗来纳州到中西部地区的堪萨斯州，再到西海岸的俄勒冈州和加州北部，都有切花芍药的生产，甚至远在北部的阿拉斯加州，也有成立不久但发展迅速的芍药切花生产公司。

　　在加拿大，芍药作为切花和庭院多年生花卉大受欢迎。除了在极北地区之外，芍药遍布加拿大。很多地方生产根冠和切花，特别是在安大略省和不列颠哥伦比亚省。大规模的芍药生产主要在不列颠哥伦比亚省，其中很大一部分通过温哥华花卉拍卖市场进行拍卖。加拿大芍药协会成立于 1998 年，该协会聚集了国内约 1/4 的芍药爱好者，协会鼓励大家分享品种及种植经验，积极推动育种工作的开展，同时协调每年的国内芍药展览。

　　俄罗斯关于芍药的园艺研究始于 1733 年。当时，Peter Simon Palla 对超过 10 个野生种进行了描述，俄国及其邻近地区的大量的种得到鉴定。第一批芍药品种被引入俄国是在 17 世纪，此时正处于彼得大帝主政时期，芍药被药材商进行栽培用于药用和植物学研究。19 世纪初，由法国育种的几个品种从欧洲被引入俄国进行栽培，主要种植在植物园或被贵族私人收集。"二战"以后，芍药在前苏联开始广泛栽培，政府和科研机构加强了资源的收集；在莫斯科等地区，许多专家和花卉爱好者加入了品种的选育工作中。

　　芍药栽培品种于 20 世纪 90 年代引入以色列。尽管温暖的地中海气候对芍药的种植有一定的挑战，但研究者们关于芍药对当地环境的适应性研究还是为早期芍药的催花，以及切花的生产实践提供了理论依据。结合以色列农业享誉世界的精细管理模式，芍药切花已成为以色列花卉产业中发展较快且前景广阔的重要一支。

随着全世界对芍药消费的周年化，南半球的智利和新西兰凭借高速运转的物流，抓住时机在它们的春季和初夏提供芍药切花。供花期从10月（智利北部、新西兰）一直持续到次年1月（巴塔哥尼亚南部）。在智利，芍药切花的出口额从2002年3月的15.80万美元增加到2008年9月的80.27万美元，其中大部分被出口至美国，同时也运往荷兰、英国、日本和德国等地。而从2001—2009年，新西兰每年芍药的出口量大约为60万～80万枝，北美是其主要的出口地区。此外，南半球的澳大利亚和南非也有小规模的芍药切花生产。

第五节
芍药的轶事传说

关于芍药的轶事传说很多，其中最著名的典故莫过于"四相簪花"（图1-4）。据说在北宋庆历五年，韩琦上任扬州太守时，其府署后园中芍药一茎分四叉，各开一花。花瓣红色，中间有一圈金黄色花蕊，宛若红袍官服中间的金带。该品种实名'金缠腰'（又称'金带围'）。韩琦觉得十分奇异，邀约三好友，同来观赏。这三人分别为大理寺评事通判王珪、大理寺评事签判王安石、大理寺丞陈升之。酒至中筵，剪四花，四人各簪一朵。后三十年间，四人皆成为北宋的宰相。这个既真实又充满巧合和传奇色彩的故事很快传扬开去，这种会给人带来鸿运的芍药花，也就有了祥瑞和富贵征兆的象征。如今，'金带围'虽已失传，但研究者们通过选育芍药新品种，再现了这一具有悠久历史文化的品种的特征（图1-5）。

图1-4 扬州瘦西湖"簪花园"（李安安 供图）

图1-5 芍药品种'金科状元'（图片来源：APS）

中国历代文人墨客玩味和吟咏百花，留下了许多趣闻轶事，"十二月花神"就是其中之一。芍药是五月花神，主司之神为苏东坡。蔡繁卿为扬州太守时，每年春天举办"万花会"，搜集芍药供其自己和当地官商富贾享乐，把城内人家的苗圃都掠夺一空，待苏东坡任扬州太守时，他赞"扬州芍药为天下之冠"，看到官方举办"万花会"，损害芍药，滋扰百姓，便下令废除"万花会"，受到百姓拥护。

在西方，传说古希腊名医阿斯克列皮耶有个聪明的学生佩翁（Paeon），他青出于蓝，曾治好了战神玛尔斯在特洛伊战争中受的伤。佩翁在奥林匹斯山上从阿波罗母亲的手中得到了一种花，他用这种花治愈了被大力神赫拉克勒斯打伤的冥神普鲁同。这件事引起了阿斯克列皮耶的嫉妒，于是他暗中安排人打算杀死佩翁。冥神顾念恩情，将佩翁变成了这种能治病的花，人们为了纪念他，就根据他的名字来命名这种植物，称它为 peony，这也是芍药属名 *Paeonia* 的由来。古希腊人只有在夜间才敢小心翼翼地挖掘芍药，因为在白天，神安排守护这种植物的啄木鸟会啄瞎入侵者的眼睛。在英格兰，人们认为芍药具有魔力，凡有芍药生长的地方，恶魔都会消失得无影无踪。在瑞士，当孩子生病抽搐时，大人会给他戴上用 77 片芍药叶子扎成的花环，保佑他早日康复。西方古代医者认为芍药的根可以治疗许多疾病，如头痛、梦魇、肝脏阻塞等，直到 19 世纪，很多人依然相信芍药可以治疗癫痫。这些对于芍药药效的描述充满了神秘色彩和浓厚的巫术意味。但不可否认，芍药确实对一些妇女疾病和外伤具有良效。

—— 第六节 ——
国外芍药牡丹协会简介

一、美国芍药牡丹协会

美国芍药牡丹协会（American Peony Society，以下简称 APS）成立于 1903 年。20 世纪初，APS 的第一要务是促进芍药和牡丹定名标准化，并规范其销售市场。在 APS 的注册程序史中有许多关于芍药牡丹命名及其市场的相关内容。这也致使 APS 自 1974 年以来就一直担负芍药牡丹国际品种登记管理的职责，是国际园艺学会指定的芍药属植物新品种的法定登录机构（International Registration Authority for Peonies），在世界芍药牡丹界占有举足轻重的地位。APS 旨在促进芍药牡丹栽培研究，以提高其作为园林植物的价值。

APS 所承担的教育科普工作是通过一年一度的芍药牡丹展览来完成的，展览将大量不同品种和不同花期的芍药牡丹放在同一展厅集中展示。观赏者会在这里认识到一些自己不认识的品种，开拓自己的视野。此外，APS 还出版了各种主题的书籍，其中值得关注的是 1928 年出版的 *PEONIES: The Manual of the American Peony Society*，如今已经绝版很久了。由于书中描述的

注：美国芍药牡丹协会（American Peony Society）网址：www.americanpeonysociety.org

芍药牡丹现在仍然比较常见，所以这本书至今仍是一本非常有用的书籍。这本书不仅对 20 世纪早期的芍药牡丹及其文化进行了详细的记录，还对 19 世纪的芍药牡丹的应用有较为完整描述。

20 世纪上半叶，APS 充分享受了芍药牡丹鲜切花带来的利益。在花蕾期采收的芍药牡丹，可以在冷藏下储存数周，这得以使其通过铁路运输到较远的城市销售。所以，在现代快速航空出现之前，芍药牡丹切花在市场上取得了很大成功。切花生产商参加 APS 一年一度的展览，并参与金牌奖评选，这也成了 APS 的一项年度盛事。当时，在这些花卉展览中获奖的品种能为公众所熟知，所以 APS 金牌奖对宣传、销售优秀的芍药牡丹品种起到了重要推动作用。

（一）美国芍药牡丹协会金牌奖品种

金牌奖评选作为该协会的一项年度盛事，始于 1923 年，截至 2018 年共有 58 个品种（或种苗）先后获奖。该奖项最初是为了迎合公众对芍药花不断增长的兴趣，后来慢慢发展出一套独立的评价标准，而今，APS 金牌奖作为芍药牡丹界的"奥斯卡"，不仅带有很强的时尚色彩，更是美国芍药牡丹协会与其他众多商业合作伙伴的"纽带"。APS 金牌奖在宣传、销售优秀的芍药牡丹品种中起着重要推动作用。因此，在中国芍药牡丹与国际接轨之际有必要对 APS 金牌奖有所了解。在此对 1923—2019 年 59 个获奖品种进行简要介绍：

图 1-6　'Mrs. A. M. Brand'（图片来源：APS）

1. 'Mrs. A. M. Brand'（1923 **年获奖品种**）

中国芍药品种群品种。Brand 于 1925 年登录。重瓣型，白色，花朵硕大，外轮花瓣稍大，花型规整偏平，花期晚，有香味。株高中等，茎秆粗壮，株型紧凑，叶片浓绿，生长势旺（图 1-6）。

2.'A.B. Franklin'（1933 **年获奖品种**）

中国芍药品种群品种。Franklin 于 1928 年登录。重瓣型，浅粉色，后期逐渐褪成白色，花期晚，极香。花型优美，花朵硕大（图 1-7）。

图 1-7 'A.B. Franklin'（图片来源：APS）

3.'Mrs. J. V. Edlund'（1933 **年获奖品种**）

中国芍药品种群品种。A. B. Franklin 的种苗，Edlund 于 1928 年登录。重瓣型，白色，有蜡质感，无任何杂色，花朵硕大，花期非常晚，有香味。植株高大，茎秆坚挺，叶色深绿（图 1-8）。

图 1-8 'Mrs. J. V. Edlund'（图片来源：APS）

4.'Harry F. Little'（1934 **年获奖品种**）

中国芍药品种群品种。Nicholls 于 1933 年登录。重瓣型，白色，花期极晚，株高中等。花朵为硕大的玫瑰花型。茎秆粗壮（图 1-9）。

图 1-9 'Harry F. Little'（图片来源：APS）

图 1-10　'Nick Shaylor'（图片来源：APS）

5. 'Nick Shaylor'（1941 **年获奖品种**）

中国芍药品种群品种。Shaylor-Allison 于 1931 年登录。重瓣型，浅粉色，花色和 'Solange' 相似，但更深一点，非常干净，花朵硕大，无香味，花期很晚。茎秆粗壮，叶片深绿（图 1-10）。

图 1-11　'Elsa Sass'（图片来源：APS）

6. 'Elsa Sass'（1943 **年获奖品种**）

中国芍药品种群品种。H. P. Sass 于 1930 年登录。重瓣型，柔美可爱的白色，花期晚，株高中等。在所有条件下都能开出非常出色的花。茎秆粗壮结实（图 1-11）。

图 1-12　'Golden Glow'（图片来源：APS）

7. 'Golden Glow'（1946 **年获奖品种**）

杂种芍药品种群品种。中国芍药品种和药用芍药 (*P. officinalis*) 杂交获得，Glasscock 于 1935 年登录。单瓣型，橙红色，花期极早。芽圆形，茎长且粗壮，叶片狭窄，叶色浅绿（图 1-12）。

图 1-13 'Hansina Brand' （图片来源：APS）

8.'Hansina Brand'（1946 年获奖品种）

中国芍药品种群品种。A.M.Brand 于 1925 年登录。重瓣型，浅肉粉色，花期晚。茎秆粗壮，直立性强（图 1-13）。

图 1-14 'Mrs. Franklin D. Roosewelt' （图片来源：APS）

9.'Mrs. Franklin D. Roosewelt'（1948 年获奖品种）

中国芍药品种群品种。Franklin 于 1933 年登录。重瓣型，花瓣较长且松散，玫瑰粉色，花期早至中晚。它的大小、性状和颜色使这个品种非常有吸引力（图 1-14）。

图 1-15 'Doris Cooper' （图片来源：APS）

10.'Doris Cooper'（1949 年获奖品种）

中国芍药品种群品种。Cooper 于 1946 年登录。重瓣型，浅粉色，花期晚，植株较高。茎秆强度高，花型和颜色都非常完美（图 1-15）。

11.'Miss America'（1956 **年获奖品种**）

中国芍药品种群品种。Mann-van Steen 于 1936 年登录。半重瓣，花期早，株高中等，初开腮红色，后期褪成白色。类似于'Minnie Shaylor' 和'Silvia Saunders'，但更优秀。茎秆强度高，是非常优秀的芍药品种（图 1-16）。

图 1-16　'Miss America'（图片来源：APS）

12.'Red Charm'（1956 **年获奖品种**）

杂种芍药品种群品种。中国芍药和药用芍药杂交获得，Glasscock 在 1944 年登录。重瓣花，绣球型，鲜红色，花期早，植株较高，无雄蕊，不结实。花朵硕大，茎秆粗壮（图 1-17）。

图 1-17　'Red Charm'（图片来源：APS）

13.'Kansas'（1957 **年获奖品种**）

中国芍药品种群品种。Bigger 于 1940 年登录。重瓣，亮红色，大花，花期早，株高约 90cm。花色为明亮的红色，几乎不含其他杂色，很少褪色。开花颜色比大多数品种优秀。茎秆非常粗壮（图 1-18）。

图 1-18　'Kansas'（图片来源：APS）

14. 'Moonstone'（1959 年获奖品种）

中国芍药品种群品种。Murawska 于 1943 年登录。重瓣型，花期中。在透射光下非常有吸引力（图 1-19）。

图 1-19　'Moonstone'（图片来源：APS）

15. 'Nick Shaylor'（1969 年获奖品种）

中国芍药品种群品种。Shaylor-Allison 于 1931 登录。重瓣型，浅粉色，株高中等，花期极晚，花色纯净，无香味。茎秆粗壮，叶片深绿（图 1-20）。

图 1-20　'Nick Shaylor'（图片来源：APS）

16. 'Age of Gold'（1973 年获奖品种）

美系牡丹。Saunders 利用黄牡丹 (*P. lutea*) 和日本栽培牡丹杂交培育，于 1948 年登录。半重瓣玫瑰花型，花瓣是金黄的奶油色，基部有一个小的红斑。花瓣优美的卷曲呈现出茶花一般的花型（图 1-21）。

图 1-21　'Age of Gold'（图片来源：APS）

图 1-22 'Walter Mains'（图片来源：APS）

图 1-23 'Bu-Te'（图片来源：APS）

图 1-24 'Cytherea'（图片来源：APS）

17.'Walter Mains'（1974 年获奖品种）

杂种芍药品种群品种。中国芍药与药用芍药 (P. officinalis) 杂交获得，Mains 于 1957 年登录。日本型，外瓣暗红色，雄蕊瓣化成小花瓣，内部红色，边缘呈现金色。株型较高（图 1-22）。

18.'Bu-Te'（1975 年获奖品种）

中国芍药品种群品种。Waassenburg 于 1954 年登录。日本型，花白色，花期较晚。该品种植株较高，茎秆强壮，花型硕大，洁白的外瓣包围着一个大的黄色雄蕊群（图 1-23）。

19.'Cytherea'（1980 年获奖品种）

杂种芍药品种群品种。Saunders 利用中国芍药品种与欧洲芍药（P. peregrina）杂交获得，于 1953 年登录。非常大的深玫红色半重瓣花。覆瓦状的花瓣很长，所有花瓣打开呈杯状。该品种几乎不形成侧蕾，茎秆粗壮直立（图 1-24）。

图 1-25　'Bowl of Cream'（图片来源：APS）

图 1-26　'Westerner'（图片来源：APS）

图 1-27　'Chinese Dragon'（图片来源：APS）

20.'Bowl of Cream'（1981 **年获奖品种**）

中国芍药品种群品种。Klehm 于 1963 年登录。重瓣玫瑰花型，奶白色，花大型。金色的雄蕊夹杂在花瓣中，花朵直径约 24cm，株高约 80cm（图 1-25）。

21.'Westerner'（1982 **年获奖品种**）

中国芍药品种群品种。Bigger 于 1942 年登录。日本型，粉色，花期中，株高约 90cm。生长健壮的植株花朵较大，两轮柔美的粉色外瓣将亮黄色的小花瓣围绕在里面（图 1-26）。

22.'Chinese Dragon'（1983 **年获奖品种**）

美系牡丹。Saunders 于 1950 年登录。花深红色，花瓣基部有黑红色色斑，花蕊金黄色。半重瓣花，叶细，深绿色有青铜光泽（图 1-27）。

23.'Dolorodell'（1984 年获奖品种）

中国芍药品种群品种。Lins 于 1942 年登录。重瓣型，柔粉色，颜色类似于'Walter Faxon'，花期中晚，3 年生苗株高约 90cm。大花型，花朵向上开放，茎秆粗壮坚挺，叶片下垂（图 1-28）。

图 1-28　'Dolorodell'（图片来源：APS）

24.'Burma Ruby'（1985 年获奖品种）

杂种芍药品种群品种。Glasscock 利用中国芍药和药用芍药（*P. officinalis*）杂交获得，于 1951 年登录。单瓣型，花色亮红色，花期极早，株高中等。非常明亮的红色，有点紫色，使它格外鲜艳（图 1-29）。

图 1-29　'Burma Ruby'（图片来源：APS）

25.'Coral Charm'（1986 年获奖品种）

杂种芍药品种群品种。Wissing 利用一个半重瓣的中国芍药品种'Minnie Shaylor'和 *P. peregrina* 种下类型'Otto Froebel'杂交获得，1964 年登录。半重瓣的碗状大花，雄蕊为暗黄色，心皮亮粉色。这是一款非常流行的品种，因为它与众不同的花色及伴随开放进程不断变化的颜色。花朵初开时为珊瑚粉色，开放到后期褪变为奶油色。植株高大，成年植株可以在一个个体中表现出不同的花色（图 1-30）。

图 1-30　'Coral Charm'（图片来源：APS）

26.'Norma Volz'（1987 **年获奖品种**）

中国芍药品种群品种。Volz 从'Miss America'获得的种子培育出该品种，1962 年登录。粉白色重瓣大花，内部花瓣夹杂有深粉色和黄色小花瓣。茎秆强壮，叶片浓绿（图 1-31）。

图 1-31 'Norma Volz'（图片来源：APS）

27.'Paula Fay'（1988 **年获奖品种**）

杂种芍药品种群品种。该品种为杂种二代，Fay 利用'Bravura'和药用芍药（*P. officinalis*）杂交获得，于 1968 年登录。半重瓣，花型中等大小，花色为柔美的粉色，丰花。花期较早，株高约 90cm，约 5 轮花瓣，花朵靠近叶片。有育性，与'Moonrise'杂交，培育出了'Salmon Dream'、'Royal Rose'等和'Paula Fay'类似的柔美颜色（图 1-32）。

图 1-32 'Paula Fay'（图片来源：APS）

28.'High Noon'（**中文名'海黄'**；1989 **年 获奖品种**）

美系牡丹。Saunders 利用黄牡丹和日本牡丹杂交培育，1952 年登录。花杯状，半重瓣，花瓣为柠檬黄色，花瓣基部有红色斑块，花朵美丽精致。为黄牡丹杂交种中最高大的一个品种，秋季可以二次成花（图 1-33）。

图 1-33 'High Noon'（图片来源：APS）

图 1-34 'Seashell'（图片来源：APS）

29.'Seashell'（1990 **年获奖品种**）

中国芍药品种群品种。H. P. Sass 于 1937 年登录。单瓣型，粉色，花期中。植株较高，花大，能成为花园中的焦点，作为切花简单大方（图 1-34）。

图 1-35 'White Cap'（图片来源：APS）

30.'White Cap'（1991 **年获奖品种**）

中国芍药品种群品种。Winchell 于 1956 年登录。日本型，外瓣深粉色，内瓣白色，茎秆高且硬挺。花期中（图 1-35）。

图 1-36 'America'（图片来源：APS）

31.'America'（1992 **年获奖品种**）

杂种芍药品种群品种。Rudolph 利用 'Burma Buby' 的种子获得的品种，1960 年首次开花，1976 年登录。单瓣型，火焰红色，竖起的花瓣使花型类似郁金香，有雄蕊和花粉，不结实。花朵比 'Burma Ruby' 大约 30%，株高约 80cm。茎秆非常强壮，3 年生分株苗可成花 8 ～ 10 朵。干净的绿色叶片，花的中心为纯黄色的雄蕊（图 1-36）。

图1-37　'Mother's Choice'（图片来源：APS）

32.'Mother's Choice'（1994 **年获奖品种**）

中国芍药品种群品种。Glasscock 于 1950 年登录。重瓣型，白色，花期中，为'Polar Star'的后代。茎秆强壮，每年每个枝头都能开出完美的花，甚至上面小的侧蕾也能开得非常美丽（图 1-37）。

图1-38　'Pillow Talk'（图片来源：APS）

33.'Pillow Talk'（1994 **年获奖品种**）

中国芍药品种群品种。C. G. Klehm 培育，于 1968 年登录。重瓣玫瑰型大花，花期中，没有雄蕊，粉红色，叶形类似'Mons. Jules Elie'（图 1-38）。

图1-39　'Shintenchi'（图片来源：APS）

34.'Shintenchi'（1994 **年获奖品种**）

日本牡丹。花瓣硬挺，光滑的粉色半重瓣花伴随着花瓣基部明艳的红斑，花瓣边缘的缺刻增加了花瓣的层次感，花朵直径最少 25cm，具有无与伦比的美丽（图 1-39）。

35.‘Sparkling Star’（1995 **年获奖品种**）

中国芍药品种群品种。Bigger 在 1953 年登录。单瓣型，亮丽的暗粉色，花期早。株高约 75cm，母本为‘Mary Brand’。花朵中到大，非常有生命力。该品种的粉色优于大多数的粉色。花梗强壮，叶片亮绿色（图 1-40）。

图 1-40　‘Sparkling Star’（图片来源：APS）

36.‘Garden Treasure’（1996 **年获奖品种**）

伊藤芍药品种群品种。Hollingsworth 利用中国芍药品种和美系牡丹‘Alice Harding’（‘金晃’）杂交获得，于 1973 年首次开花，1984 年登录。半重瓣，花型类似牡丹，枝条类似芍药。黄色花瓣基部有红色斑块，花瓣数 20～25 枚，心皮突出，花朵较大。非常耐寒，每年都能从地下越冬芽形成规律整齐的花朵，株高约 70cm，花朵高出枝头，叶片较大，深绿色，并能持续到秋天。每个枝头形成 1～3 朵花，花芳香，极少花粉，花期较晚，能持续约 20 天（图 1-41）。

图 1-41　‘Garden Treasure’（图片来源：APS）

37.‘Old Faithful’（1997 **年获奖品种**）

杂种芍药品种群品种。Glasscock-Falk 培育，为第四代杂种芍药，于 1964 年登录。重瓣花，红色，花期较晚，能结实（图 1-42）。

图 1-42　‘Old Faithful’（图片来源：APS）

38.‘Myra MacRae’（1998 年获奖品种）

中国芍药品种群品种。Tischler 培育，1967 年登录。高度重瓣，花期晚，粉紫色的花具有惊人的活力，株高约 70cm，花朵直径约 20 ～ 23cm（图 1-43）。

图 1-43　‘Myra MacRae’（图片来源：APS）

39.‘Ludovica’（1999 年获奖品种）

杂种芍药品种群品种。Saunders 利用中国芍药品种和欧洲芍药 (P. peregrina) 杂交后获得，于 1941 年登录。半重瓣，干净的玫瑰粉色，半重瓣大花，花瓣圆整（图 1-44）。

图 1-44　‘Ludovica’（图片来源：APS）

40.‘Pink Hawaiian Coral’（2000 年获奖品种）

杂种芍药品种群品种。R. Klehm 利用中国芍药品种‘Charlie's White’和欧洲芍药 (P. peregrina) 品种‘Otto Froebel’杂交获得，1972 年首次开花，1981 年登录。粉珊瑚色，半重瓣，花有香味，不结实，花量较大，株高约 75cm，花期早，茎秆强壮，花型规整，搭配黄色雄蕊非常美丽（图 1-45）。

图 1-45　‘Pink Hawaiian Coral’（图片来源：APS）

图 1-46　'Early Scout'（图片来源：APS）

图 1-47　'Etched Salmon'（图片来源：APS）

图 1-48　'Coral Sunset'（图片来源：APS）

41.'Early Scout'（2001 年获奖品种）

杂种芍药品种群品种。Auten 利用中国芍药品种'Richard Carvel'和细叶芍药 (*P. tenuifolia*) 杂交获得，1952 年登录。该品种花期极早，与中国牡丹花期接近，比所有杂种芍药的花期都早。'Early Scout'从父本那继承来了纤细的叶形，虽然没有父本那么纤细，但对夏季的酷热耐受力较好。该品种小巧的花朵和纤细的叶形非常搭配，株型较矮，株高最多 60cm，非常适合作为岩石园的造景材料（图 1-46）。

42.'Etched Salmon'（2002 年获奖品种）

杂种芍药品种群品种。Cousins 杂交，1968 年首次开花，亲本不详，1981 年登录。花色为类似鲑鱼的粉色，外瓣较大，内瓣较小，花型为重瓣玫瑰型，没有雄蕊、花粉，不产生种子。有香味。花朵中等开放程度，茎秆强壮，株高约 90cm。鲑鱼般的珊瑚色具有其他颜色无法比拟的吸引力，内瓣金色的细小花瓣使整个花朵更加完美（图 1-47）。

43.'Coral Sunset'（2003 年获奖品种）

杂种芍药品种群品种。Wissing 利用一个半重瓣中国芍药品种'Minnie Shaylor'和药用芍药 (*P. peregrina*) 品种'Otto Froebel'杂交获得，1965 年登录。花色为珊瑚色，花型较平展，不结实，花有香味，茎秆强度较高，叶形优美，株高约 85cm，花期早，生长旺盛，单枝单花。与'Coral Charm'同一个杂交组合获得（图 1-48）。

图 1-49　'Do Tell'（图片来源：APS）

44.'Do Tell'（2004 年获奖品种）

　　中国芍药品种群品种。Auten 于 1946 年登录。花粉色，外瓣为非常浅的兰花粉色，狭窄的内部颜色深的花瓣较多，并且夹杂一些红色。和别的复色花相比是非常抢眼的花色组合（图 1-49）。

图 1-50　'Angel Cheeks'（图片来源：APS）

45.'Angel Cheeks'（2005 年获奖品种）

　　中国芍药品种群品种。C. G. Klehm 于 1970 年登录。巨大的粉色，球形花。外围大花瓣颜色较内瓣颜色浅，花香怡人，花梗非常硬挺（图 1-50）。

图 1-51　'Bartzella'（图片来源：APS）

46.'Bartzella'（2006 年获奖品种）

　　伊藤芍药品种群品种。半重瓣型，黄色，花瓣基部有红斑。Anderson 利用一个白色重瓣芍药品种与 Reath 的杂种牡丹杂交培育，1986 年首次开花。花大，花径 15 ～ 20cm，株高约 80cm，茎秆粗壮，花头直立于枝顶。不产生种子和花粉（图 1-51）。

47. 'Many Happy Returns'（2007 **年获奖品种**）

杂种芍药品种群品种。亲本为：'Nippon Splendor'בGood Cheer'，3 个原生芍药种的杂交种，1979 年首次开花，Hollingsworth 于 1986 年登录。花期中，花色为温暖的红色，花型日本型至球形，花粉夹杂在小花瓣中。株高中等，株型直立紧凑，易成枝、成花，中等大小的花非常适合花艺设计（图 1-52）。

图 1-52　'Many Happy Returns'（图片来源：APS）

48. 'Salmon Dream'（2008 **年获奖品种**）

杂种芍药品种群品种。亲本为：'Paula Fay'בMoonrise'，1974 年首次开花，D. L. Reath 于 1979 年登录。花色为单鲑鱼粉，半重瓣，花粉可育，能产生种子。茎秆粗壮，株高约 90cm，花期较早，叶片深绿色有光泽（图 1-53）。

图 1-53　'Salmon Dream'（图片来源：APS）

49. 'Hephestos'（2009 **年获奖品种**）

美系牡丹。又名火神，Nasos Daphnis 培育，1977 年登录。1968 年首次开花。该品种为回交一代（BC-1），亲本为：'Thunderbold'בSaunders F2A'。花色为纯净的深砖红色，半重瓣，给人感觉仿佛每朵花都是一个温暖的火焰。茎秆强度较好，有花粉，可以结实，花有香味（图 1-54）。

图 1-54　'Hephestos'（图片来源：APS）

50.'Buckeye Belle'（2010 年获奖品种）

杂种芍药品种群品种。Mains 于 1956 年登录。单瓣到重瓣，花型中等。外花瓣深红色，花瓣较大，内花瓣狭窄，夹杂在雄蕊中，花药黄色，花色红色，雌蕊被一轮小花瓣覆盖（图 1-55）。

图 1-55   'Buckeye Belle'（图片来源：APS）

51.'Amalia Olson'（2011 年获奖品种）

中国芍药品种群品种。Olson，C./Neson 于 1959 年登录。不结实。花瓣洁白，重瓣型，中到大花。花瓣重叠，对称排列。最外层花瓣的外层有时会有红色斑点。Mr. Olson 以自己母亲的名字为该品种命名（图 1-56）。

图 1-56   'Amalia Olson'（图片来源：APS）

52.'Topeka Garnet'（2012 年获奖品种）

中国芍药品种群品种。Bigger 于 1975 年登录。花暗红色，单瓣型，雄蕊数量较少，株高约 90cm，伴随开放花瓣会稍微褪色（图 1-57）。

图 1-57   'Topeka Garnet'（图片来源：APS）

图 1-58 'Mackinac Grand'（图片来源：APS）

图 1-59 'Leda'（图片来源：APS）

图 1-60 'Mahogany'（图片来源：APS）

53. 'Mackinac Grand'（2013 **年获奖品种**）

杂种芍药品种群品种。Reath 于 1992 年登录。花瓣亮红色，有丝绸质感，花瓣基部橙红色。花型为单瓣到半重瓣，花期较早，株高约 90cm。1981 年首次开花。叶片亮绿色，成花率高，且成花稳定（图 1-58）。

54. 'Leda'（2014 **年获奖品种**）

美系牡丹。又名巴斯达王后、双子座之母。Nassos Daphnis 培育，1974 年首次开花，1977 年登录。该品种是一个回交三代（BC-3）个体，亲本为：'Kokamon' × 一个回交二代个体（BC-2），粉色花瓣上有红色条纹贯穿，单瓣型，两轮花瓣排列成规则的圆形，像很多牡丹一样，花非常大。花瓣充分展开可以看到明显的雄蕊和柱头。花瓣基部有黑色斑块，给人一种神秘感。其血统 3/4 来自栽培牡丹 (P. suffruticosa)，1/4 来自黄牡丹 (P. lutea)。该种花粉有活性，并且可以结实。花有香味，茎秆强度较高，叶片较大（图 1-59）。

55. 'Mahogany'（2015 **年获奖品种**）

杂种芍药品种群品种。Glasscock 于 1937 年登录。单瓣型，花大，杯状花深红褐色，开花极早。亲本为：中国芍药 × 药用芍药 (P. offcinalis 'Otto Forebel')（图 1-60）。

图 1-61　'Eliza Lundy'（图片来源：APS）

56.'Eliza Lundy'（2016 年获奖品种）

药用芍药 (*P. officinalis*) 品种，花中型，重瓣球形，花色为明艳的红色，植株高度不超过 60cm（图 1-61）。

图 1-62　'Lois' Choice'（图片来源：APS）

57.'Lois' Choice'（2017 年获奖品种）

杂种芍药品种群品种。Laning 于 1993 年登录。亲本为：'Parentage Quad F3'×'Silver Dawn F3'。1977 年首次开花。四倍体。花有两种颜色，被分成三部分：暖粉色占 1/3，亮黄色占 1/3，另外 1/3 还是暖粉色。这个品种的颜色可以说是独一无二的（图 1-62）。

图 1-63　'Pietertje Vriend Wagenaar'（图片来源：APS）

58.'Pietertje Vriend Wagenaar'（2018 年获奖品种）

中国芍药品种群品种。Friend 于 1996 年登录。叶深绿色。芽红色，茎秆粗壮。花有斑点（图 1-63）。

59. 'Angel Emily'（2019 年获奖品种）

牡丹品种。Bill Seild 培育，Nate Brmer
于 2013 年登录，亲本为：Rock's Variety ×
'Shintenchi'。1992 年第一次开花（4 年苗），
在 2000 年之前已经开始繁殖。半重瓣型，
15 枚或更多花瓣，花朵直径 15 ～ 20cm 花
色为深薰衣草粉色，花瓣基部有一个边缘清
晰的暗紫色斑块，色斑的大小占据了花瓣
长度的 30% 以上。花丝长度约为 1.5cm，
花丝基部为紫色，向上逐渐变淡，至花药
初变为白色。红紫色的房衣将心皮整个包被
（图 1-64）。

图 1-64　'Angel Emily'（图片来源：APS）

美国芍药牡丹协会给长期以来公认的优异芍药牡丹品种颁发奖章和证书。金牌奖被业界看
作一个品种的终极荣誉，但是作为协会和大众对芍药牡丹的兴趣肯定是会不断变化的，因此，
什么品种被授予奖章也是有标准的。被授予协会最高荣誉的品种总是被期待是漂亮的，但漂亮
不再像过去一样是压倒一切的因素。

现在，协会的理事会在他们的年会上评选金牌牡丹芍药。近年给多数芍药参评单位的标准
强调质量的重要性，这个质量包括：推广程度、性状稳定、不需要机械支撑、生长适应性、整
个生长期良好的叶片表现，以及合理的价格，同时还涉及种源多样性等。在 2008 年，金奖的
评奖过程发生了改变，增加了一个新的奖项——景观价值奖（Award of Landscape Merit）。

回过头看，在定期发布金奖品种列表中会看到一些很反常的现象。非常明显的就是同
时获奖的两个品种：'Miss America' 和 'Nick Shaylor'，同样让人好奇的是 'Mrs. A. M.
Brand'，该品种在 1923 年获得金奖，但是在此之前，这个品种还没有推向市场。翻看过去的
原始资料，会发现被授予金奖的品种的获奖理由是各种各样的，直到 1948 年，关于金奖品种
的评价标准才和我们现在使用的接近。在此之前，几乎所有奖牌都是种苗委员会颁发的，获奖
品种都是从展览桌上挑选出来的。

前六届（在 1946 年之前）的金奖都是种苗委员会颁发的。委员会会对参展的种苗和新品
种按照相应的等级打分。种苗和品种的区别是，种苗在被定名、登录，以及在市场上流通之后
才能称为品种。这也就解释了为什么 'Mrs. A. M. Brand' 在 1923 年获得金奖，获奖时候它还
仅仅是一个种苗，还未在市场上推广。新品种是指已经被商业推广的时间非常短，但关于这个
时间并未有明确的限定。

在 1946 年有两个品种获得金奖，这两个品种既不是将花园价值作为主要的考核指标评
选出来的，也不是新的品种或幼苗。颁发给 'Golden Glow' 的金奖实际上确切的含义是"嘉

奖 Lyman D. Glasscock，以表彰他在芍药杂交育种上的杰出贡献，其代表性的品种是'Golden Glow'"，因此，Glasscock 是第一个被美国牡丹芍药协会认可的在芍药育种上有突出贡献的人。1946 年第二个获奖品种'Hansina Brand'的获奖理由是"它在多个展览上都是获奖品种"，也确实如此，它在 1946 年 Rockford 的展览上又获得了最美花朵的评价。

在 1948 年，理事会一致通过了决议"申请奖章的品种必须在市场上流通三年以上才有资格在理事会上被讨论，并且需要得到当年年会所有理事的一致认可才能获奖"。'Mrs. Franklin D. Roosevelt'因为"显著的优点，并且在美国的所有地区都表现优异"，使它成为首个按照和现行标准类似的标准评定的金奖品种。但是理事会的决心并没有持续一年，在 1949 年，他们将金奖颁发给了展览上种苗类的'Doris Cooper'。

凡事没有绝对，APS 金奖的评定也有例外。在 1969 年，Lyman Ousins 在 Ohio 的 Mansfield 展览上展示了他的新幼苗。在这个展览上，并未设定相应的部分针对未登录的种苗，但并未禁止这些幼苗参展。这个展览评选出一个金奖、一个银奖和一个一级证书分别给了 3 个种苗。这些种苗没有一个被命名，也没有记录他们最终注册了什么名字，或者他们是否曾经被命名和注册过。

值得注意的是 1994 年，有三个品种获得金奖。'Mother's Choice'被授予金奖来弥补 1993 年未评奖的遗憾。1994 年第三个获得金奖的是一个牡丹品种'Shintenchi'（日本牡丹品种：新天地），这是唯一一个获此殊荣的国外（非北美）品种。

在 1956 年有两个金奖被颁发出去。理事会的报告说："最近几年都没有新的品种在协会登录，将金奖颁发给'Miss America'（'美国小姐'）和'Red Charm'（'红色魅力'），这两个品种在最近几年的展览上都有突出表现，并且在各个地区表现都非常优秀"。

在 1957 年没有展览，恶劣的天气使年会的这一部分被迫取消，但是金奖的评定以及理事会的会议并未受到影响。金牌被颁发给了'Kansas'（'堪萨斯'），因为"在美国各个地区优异的表现"，在此后的优秀品种评选中，在花园的表现也被视为评价的主要标准之一。

（二）美国芍药牡丹协会金牌奖探析

通过颁发奖牌和证书的形式表彰特别优秀的芍药或牡丹品种是 APS 的一项传统，每年的 APS 金牌奖由协会理事们在年会上讨论决定，该项传统暨首次 APS 金牌奖的评选始于 1923 年，获奖的是一个名为'Mrs. A. M.Brand'的白色重瓣芍药品种。1923—1979 年的 57 年间，间断评奖 19 次；除 1993 年外，共有 41 个品种在 1980—2019 年的 39 年间先后获奖（1994 年有 3 个品种同时获奖）。在这 41 个获奖品种中，33 个是芍药，占 80.5%；6 个是牡丹，占 14.6%；另外 2 个是牡丹芍药的组间杂交品种（Intersectional），占 4.9%。从近 40 年的获奖分布可以看出，APS 金牌奖大部分为芍药品种，芍药的受青睐程度远胜牡丹。在外界看来，APS 金牌奖无疑是芍药牡丹界的"终极奖励"，但 APS 自身却更希望通过金牌奖，向人们传递获奖品种背后所承载的审美理念，而非仅止于品种本身，因为协会的审美理念也是在不断发展完善中的。

1. APS 金牌奖评价标准

（1）花色

近40年来，获奖品种花色的获奖分布见表1-1。显然，粉红色（pink）是最受喜爱的颜色，具有压倒性的优势，美国人对粉红的钟爱可见一斑。著名的'Coral'（'珊瑚粉'）系列便是粉红中的经典代表。自从该系列中的'Coral Charm'于1986年首次获得APS金牌奖之后，'Coral'在美国人心目中就成了一个经久不衰的品系，始终受到人们的热烈追捧，历久弥新。该系列共育有5个品种，其中3个都曾获得过APS金牌奖，这在其他品种系列中是不多见的。尤为值得一提的是，1986年的'Coral Charm'和2003年的'Coral Sunset'还是会变色的品种。'Coral Charm'花开珊瑚粉色，色泽娇艳，随着开放花色逐渐褪淡，临近凋谢转变为柔和的淡粉红色。同品系下的'Coral Sunset'，虽然初开时也是珊瑚粉色，但该品种的变色过程却不同于'Coral Charm'，随着开放，'Coral Sunset'的花色逐渐变为象牙白。此外，该品种花瓣边缘波浪般的褶皱也使整个花冠更显充盈饱满，富有层次感。

表1-1　近40年（1980—2019）获奖品种花色分布

花色	获奖次数	比例（%）
白色	3	7.32
粉色	23	56.10
红色	12	29.26
黄色	3	7.32
总计	41	100.00

另外，鲜艳的正红色（brilliant red, rich warm red）和庄重的深红色（dark red, crimson）也很受喜爱——值得注意的是，色彩纯正的红色品种恰恰是中国芍药品种群中相对缺乏的。例如1983年的'Chinese Dragon'（图1-27）是一个红色单瓣的牡丹品种，或许是在命名之初，美国人注意到了"红"是中国的国旗色；"牡丹"是中国栽培历史悠久的国花；"龙"又是神话里中国人的祖先，随即因形赋意，给了它'中国龙'这样一个颇为贴切的名字。又如1992年的'America'（图1-36），是一个红色单瓣芍药品种，或许是因为它明亮醒目的颜色极具震撼人心的效果，美国人将自己国家的国名郑重地赋予了这个品种。

（2）花型

与我国的芍药牡丹花型分类依据相似的是，APS也以花瓣重瓣程度高低划分花型，具体可分为：单瓣型、日本型、半重瓣型、绣球型、重瓣型5类（图1-65）。其中，"日本型"是指外缘一轮花瓣较宽大，雄蕊瓣化开始，花丝略变宽，花粉囊变大或消失；"绣球型"是指雌蕊瓣化开始，与瓣化雄蕊共同形成半球形隆起，外缘花瓣清晰可辨。这一花型分类方案与我国"系—群—部—类"四级花型分类系统相比，科学性较差但实用性较强，有利于不同背景人士之间的交流沟通。

近40年获奖品种花型分布见表1-2，由表可知重瓣和半重瓣品种更受欢迎。这与"欧美人多喜爱单瓣品种"的传统认识存在一定差异。例如'Coral'系列的三个获奖品种：'Coral Charm'、'Pink Hawaiian Coral'、'Coral Sunset'都属于半重瓣品种；此外，2008年最新评选出的'Salmon Dream'也是一个半重瓣品种。同时，近半数的APS金牌奖品种介绍中都

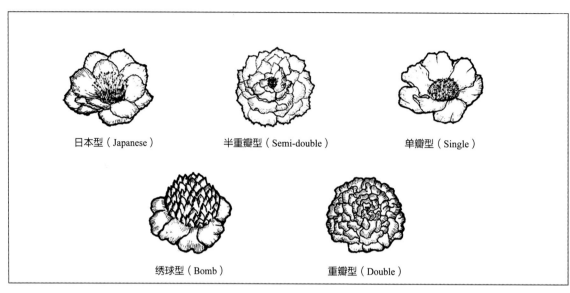

日本型（Japanese）　　　半重瓣型（Semi-double）　　　单瓣型（Single）

绣球型（Bomb）　　　重瓣型（Double）

图 1-65　美国芍药牡丹协会芍药花型分类

出现了"碗状"（Bowl-shaped）、"杯状"（Cup-shaped）这样的描述性词语，例如：1980 年的'Cytherea'、1985 年的'Burma Ruby'、1992 年的'America'、1999 年的'Ludovica'、2003 年的'Coral Sunset'、2008 年的'Salmon Dream'等。"重瓣"、"半重瓣"花型，层次丰富，视觉效果饱满；"碗状"、"杯状"花型，圆润紧凑，整体感强。

（3）种源

"种源"并非是影响某品种获奖的硬性条件，但近 40 年获奖品种种源构成的变化，也很好地说明了杂种芍药品种群（hybrid herbaceous peony）愈加受到青睐的事实。近 40 年获奖品种种源分布情况见表 1-3。

2009 年的"APS 园林景观价值奖"，共评出了 30 个品种，其中杂种芍药品种 17 个，超过半数。在秦魁杰、李嘉珏两位先生 1990 年修订的牡丹芍药花型"系—群—部—类"四级分类系统中，第二级"群"的基本划分依据是野生种源的不同。据此，有了中国芍药、欧洲芍药、杂种芍药 3 个品种群之分。而杂种芍药品种群指：多种起源的，由多个

表 1-2　近 40 年（1980—2019）获奖品种花色分布

花型	获奖次数	比例（%）
单瓣	8	19.51
半重瓣	15	36.58
日本型	3	7.32
重瓣型	5	12.20
绣球型	10	24.39
总计	41	100.00

表 1-3　近 40 年（1980—2019）获奖品种花色分布

种源	获奖次数	比例（%）
牡丹	6	14.63
伊藤芍药	2	4.88
杂种芍药	18	43.90
芍药	15	36.59
总计	41	100.00

种参加杂交组合而形成的品种系列，主要亲本除中国芍药 (*P. lactiflora*) 品种外，还有药用芍药、欧洲芍药、大叶芍药 (*P. macrophylla*) 等。这个品种系列，因其明亮饱和的花色、独特的花型、格外强健浓绿的枝叶、几乎可以持续整个春季的超长花期和较强的环境适应力等优点，近年来在 APS 金牌奖评选中愈加受到重视。

（4）其他

在其他各项性状中，"芳香"是一项很重要的优点。无论国界，一个可赏可闻的好品种都更容易博得人们的青睐，在重视感官享受的美国尤其如此。从 1980 年至今的 41 个 APS 金牌奖品种中，气味芳香的共计 15 个，占 36.6%。其中'Many Happy Returns'、'Bartezella'、'Pink Hawaiian Coral'、'High Noon'都是当今非常知名的芳香品种。另外，"花叶协调性"也是重要的评奖标准之一，较高的叶部观赏性会增加获奖的可能。在非观花期，枝叶仍能保持深绿且绿期较长，无疑是对园林植物景观非常有利的因素，这样的品种尤其容易受到 APS 肯定。

2. APS 审美理念

（1）重视传统

作为美国芍药牡丹优秀品种的"代名词"，APS 金牌奖自然而然地打上了美国芍药牡丹界传统审美理念的烙印。花色方面，粉红是永恒的主题，可以说美国人对粉红的钟爱达到了近乎痴迷的程度。从 1980 年'Cytherea'的口红粉（lipsticky pink），到 1990 年'Sea Shell'天鹅绒质感的亮粉色（bright velvety pink），再到 2000 年'Pink Hawaiian Coral'的珊瑚粉（Coral）——在美国芍药牡丹爱好者眼里，"粉红"不仅仅是一个单纯的色彩名词，更是一个富于变化的、梦幻迷人的、永远的芍药流行色。在园林应用方面，切花是不变的潮流。在美国芍药品种的相关介绍中（既包括金牌奖品种也包括许多非获奖品种），会经常出现"Wonderful Cut Flower"（极好的切花）、"Good Cut Flower Variety"（优良的切花品种）这样的直接描述性短语；以及"Long Lasting Cut Flower"（水养持久的切花）、"Long Stems"（较长的茎秆）、"Sturdy Stems"（强健的茎秆）一类简单说明切花品种某项具体优点的短语。由此可见，在美国，切花是芍药的传统应用形式，APS 非常看重一个芍药品种所具备的切花特质。

（2）美中求异

近 40 年来，APS 金牌奖品种确实体现出了一定的规律性，但是 APS 的审美理念也是在不断发展创新的，基本可以用"美中求异、美中求奇"8 个字来概括。

例如：2001 年的'Early Scout'是一个超矮生（dwarf）品种，株高仅有 51cm（20 英寸），适合岩石园的应用，且叶形继承了它亲本之一细叶芍药 (*P. tenuifolia*) 的特点，小叶分裂成极细的狭线形，非常独特。2002 年的'Etched Salmon'，所有花瓣都保持在同一高度上，换言之，该品种的花顶是水平的。2003 年的'Coral Sunset'是变色品种。2005 年的'Angel Cheeks'和 2007 年的'Many Happy Returns'花型皆为球型，而在 2005 年之前还从未有球型（Bomb）品种获奖。1996 年、2006 年，牡丹芍药的组间杂交品种'Garden Treasure'和'Bartzella'两次摘得桂冠。可见，品种的"新奇"、"奇异"越来越受到美国芍药牡丹界人士的追捧和喜爱。

（3）追求健康

花朵的美是 APS 的评委们将金牌奖授予某个品种的最高理由，但已不再是唯一理由。如前所述，枝叶的观赏性已愈加受到 APS 的重视，他们将深绿色的枝叶视作健康的象征，而强健的茎秆无疑能更好地保持花头的直立性，有利于增加植株整体的观赏价值，且与切花生产的要求相符合。因此"dark green foliage"、"sturdy stems"（深绿色枝叶、强健的茎秆）会被视作两项重要优点而加以突出介绍。

当然，"健康"的含义不仅于此，生长势的强健与否也受到越来越多的关注。"适应性强、发枝数多"已被 APS 作为品种的重要优点纳入到金牌奖的考评因素之中，这可以说是"健康"的深层含义。

（三）经验与启发

APS 金牌奖从产生到发展直至成熟，迄今已经历了 90 多年的时间，这 90 多年也是芍药牡丹在美国高速发展的 90 多年。一届届金牌奖的诞生，记录了一个个美丽动人的好品种，因此 APS 金牌奖的发展历程，也是美国芍药牡丹育种成就的高度缩影。虽然是一个专业协会，但是 APS 并没有一味地孤芳自赏，而是将金牌奖很好地与芍药牡丹的生产实际相结合，很好地与商业、与时尚相结合。APS 明文要求参评金牌奖的芍药、牡丹品种须是市场上的流通品种，也就是说，荣获 APS 金牌奖的品种并不是育种家们刚刚育出来的所谓"新品种"，相反地，一定是得到了推广的、可被消费的"老品种"，也只有这样经历过市场检验的"老品种"才具有更加稳定可靠的表现。这就使得金牌奖的评选不再单纯地属于 APS 的个体行为，而是具有了广泛的商业价值。因为在一定意义上，APS 金牌奖是流行元素的符号，引领着花卉消费的时尚，APS 通过评选金牌奖，密切了自身与众多商业合作伙伴之间的"感情"，许多芍药牡丹生产商纷纷将金牌奖品种作为自己的主打品种来销售。这是 APS 保持自身影响力、号召力的途径之一，也是 APS 金牌奖发展至今仍极具活力、魅力的根本原因。

历史的发展将使我国的芍药和牡丹迎来又一个新的发展高峰期。我国在芍药牡丹领域应当充分借鉴 APS 的宝贵经验，以发展的眼光看待和处理工作，在促进我国芍药和牡丹的产业化进程中发挥更大的作用。可以考虑定期评选我们自己的优良品种，使花卉充满时尚的气息，同时加强推广普及工作，使越来越多的芍药、牡丹优秀品种早日走入千家万户。

二、丹麦芍药牡丹协会

丹麦芍药牡丹协会（Danish Peony Society, DPS）成立于 2003 年 6 月，它的宗旨是为芍药牡丹爱好者打造一个供大家聚集交流的平台，传播芍药、牡丹的相关信息，分享可以让人感到喜悦的内容以提升人们对芍药牡丹的兴趣。

注：丹麦芍药牡丹协会（Danish Peony Society）网址：http://www.danskpaeonselskab.dk

（一）协会活动

丹麦芍药牡丹协会每年会组织三项重大活动：

（1）在每年的春季，协会会邀请一些学者开办讲座，同大家一起交流芍药牡丹相关的知识；在夏季，会在 Ledreborg Slotspark 举办活动，大家可以一起交流芍药牡丹；在秋季，协会还会邀请一些学者与大家一起交流自己收藏的芍药牡丹，养花心得及自己喜爱的其他植物。

（2）协会会组织会员开展旅行活动，还曾前往美国、法国、英国、德国、希腊、瑞典等国家进行交流。

（3）协会每年会出版 3 本《Peony》杂志，会员或其他芍药牡丹爱好者可以在杂志上刊发与芍药、牡丹有关的植物学知识、养花技巧、经验、建议等。

（二）年度最佳品种

丹麦芍药牡丹协会从 2006 年以来，每年会评选出年度最佳品种。在此将 2006—2018 年的年度最佳品种作简要介绍。

图 1-66 'Paula Fay'（图片来源：DPS）

1. 'Paula Fay'（2006 年度最佳品种，APS 1988 年金牌奖获奖品种）

杂种芍药品种群品种。该品种为杂种二代，Fay 利用 'Bravura' 和药用芍药 (*P. officinalis*) 杂交获得，于 1968 年在 APS 登录。半重瓣，花型中等大小，花色为柔美的粉色，丰花。花期较早，株高约 90cm，约 5 轮花瓣，花朵靠近叶片。有育性，与 'Moonrise' 杂交，培育出了 'Salmon Dream'、'Royal Rose' 等和 'Paula Fay' 类似的柔美颜色（图 1-66）。

图 1-67 'Lillian Wild'（图片来源：DPS）

2. 'Lillian Wild'（2007 年度最佳品种）

中国芍药品种群品种。Wild 于 1930 年培育。亲本为：'Marie Jacquin' × 'albiflora'。茎秆直立，高约 80cm。花灰白色，中间粉红色接近白色，花相对较大且多（图 1-67）。

图 1-68　'Seashell'（图片来源：DPS）

图 1-69　'Bartzella'（图片来源：DPS）

图 1-70　'Garden Treasure'（图片来源：DPS）

3. 'Seashell'（2008 年度最佳品种，APS 1990 年金牌奖获奖品种）

中国芍药品种群品种。H. P. Sass 于 1937 年在 APS 登录。单瓣型，粉色，花期中。植株较高，花大，能成为花园中的焦点，作为切花简单大方（图 1-68）。

4. 'Bartzella'（2009 年度最佳品种，APS 2006 年金牌奖获奖品种）

伊藤芍药品种群品种。重瓣黄色，花瓣基部有红斑。Anderson 利用一个白色重瓣芍药品种与 Reath 的杂种牡丹杂交培育，1986 年首次开花。花大，15 ～ 20cm，株高约 80cm，茎秆粗壮，花头直立于枝顶。不产生种子和花粉（图 1-69）。

5. 'Garden Treasure'（2010 年度最佳品种，APS 1996 年金牌奖获奖品种）

伊藤芍药品种群品种。Hollingsworth 利用中国芍药品种和美系牡丹 'Alice Harding'（'金晃'）杂交获得，首次开花于 1973 年，1984 年在 APS 登录。半重瓣，花型类似牡丹，枝条类似芍药。黄色花瓣基部有红色斑块，花瓣数 20 ～ 25 枚，心皮突出，花朵较大。非常耐寒，每年都能从地下越冬芽形成规律整齐的花朵，株高约 70cm，花朵高出枝头，叶片较大，深绿色，并能持续到秋天。每个枝头形成 1 ～ 3 朵花，花芳香，极少花粉，花期较晚，能持续约 20 天（图 1-70）。

6. 'Madame Calot'（2011 **年度最佳品种**）

中国芍药品种群品种。Miellez 于 1856 年在 APS 登录。早花品种。重瓣型，花大，非常浅的旧玫瑰粉红色，花瓣端部有奶油色，近心处有深红色片状瓣。花非常香。茎秆粗壮，高。由于其早熟，生产力高，切花品质好，相当受欢迎（图 1-71）。

图 1-71　'Madame Calot'（图片来源：DPS）

7. 'Coral Charm'（2012 **年度最佳品种**，APS 1986 **年金牌奖获奖品种**）

杂种芍药品种群品种。Wissing 利用一个半重瓣的中国芍药品种 'Minnie Shaylor' 和 *P. peregrina* 种下类型 'Otto Froebel' 杂交获得，1964 年在 APS 登录。半重瓣的碗状大花，雄蕊为暗黄色，心皮亮粉色。这是一款非常流行的品种，因为它与众不同的花色及伴随开放进程不断变化的颜色。花朵初开时为美艳的鲑鱼色，开放到后期褪变为奶油黄色。植株高大，成年植株可以在一个个体中表现出不同的花色（图 1-72）。

图 1-72　'Coral Charm'（图片来源：DPS）

8. 'Age of Gold'（2012 **年度最佳品种**，APS 1973 **年金牌奖获奖品种**）

美系牡丹。Saunders 利用黄牡丹（*P. lutea*）和日本栽培牡丹杂交培育，于 1948 年在 APS 登录。半重瓣玫瑰花型，花瓣是金黄的奶油色，基部有一个小的红斑。花瓣优美的卷曲呈现出茶花一般的花型（图 1-73）。

图 1-73　'Age of Gold'（图片来源：DPS）

图 1-74　'Red Charm'（图片来源：DPS）

图 1-75　'Coral Charm'（图片来源：DPS）

图 1-76　'Petite Elegance'（图片来源：DPS）

9. 'Red Charm'（2013 年度最佳品种，APS 1956 年金牌奖获奖品种）

杂种芍药品种群品种。中国芍药和药用芍药杂交获得，Glasscock 于 1944 年在 APS 登录。重瓣花，绣球型，亮红色，花期早，植株较高，无雄蕊，不结实。花朵硕大，茎秆粗壮（图 1-74）。

10. 'Coral Charm'（2014 年度最佳品种，APS 1986 年金牌奖获奖品种）

杂种芍药品种群品种。Wissing 利用一个半重瓣的中国芍药品种 'Minnie Shaylor' 和 *P. peregrina* 种下类型 'Otto Froebel' 杂交获得，1964 年在 APS 登录。半重瓣的碗状大花，雄蕊为暗黄色，心皮亮粉色。这是一款非常流行的品种，因为它与众不同的花色及伴随开放进程不断变化的颜色。花朵初开时为美艳的鲑鱼色，开放到后期褪变为奶油黄色。植株高大，成年植株可以在一个个体中表现出不同的花色（图 1-75）。

11. 'Petite Elegance'（2014 年度最佳品种）

中国芍药品种群品种。早开花品种。R. G. Klehm 于 1995 年在 APS 登录。半重瓣型。花粉红色，花朵下半部分花瓣奶油色或象牙白色，外瓣边缘有条纹。无侧芽，茎秆强度好（图 1-76）。

12. 'Mackinac Grand'（2015 年度最佳品种，APS 2013 年金牌奖获奖品种）

　　杂种芍药品种群品种。Reath 于 1992 年登录。花瓣亮红色，有丝绸质感，花瓣基部橙红色。花型为单瓣到半重瓣，花期较早，株高约 90cm。1981 年首次开花。叶片亮绿色，成花率高，且成花稳定（图 1-77）。

图 1-77　'Mackinac Grand'（图片来源：DPS）

13. 'Savage Splendor'（2016 年度最佳品种）

　　美系牡丹。Saunders 于 1950 年在 APS 登录。单瓣型，花瓣边缘扭曲，淡紫色，喇叭形，有金色和紫色的纹理，中央由黑色或深红色耀斑组成，柱头玫瑰粉色（图 1-78）。

图 1-78　'Savage Splendor'（图片来源：DPS）

14. 'Katherine Fonteyn'（2017 年度最佳品种）

　　台阁型，中开花品种，适合作切花，芳香（图 1-79）。

图 1-79　'Katherine Fonteyn'（图片来源：DPS）

图 1-80　'Midninght Sun'（图片来源：DPS）

15. 'Midninght Sun'（2018 年度最佳品种）

中国芍药品种群品种。Murawska 于 1954 年在 APS 登录。日本型，花大，深红色，雄蕊瓣化瓣红色，边缘金色。茎秆坚硬，高度中等，香味较淡，适合作切花（图 1-80）。

图 1-81　'The Fawn'（图片来源：DPS）

16. 'The Fawn'（2018 年度最佳品种）

中国芍药品种群品种。Wright 培育。重瓣花，花瓣上密布玫瑰粉色的斑点（图 1-81）。

三、英国芍药牡丹协会

英国芍药牡丹协会（The Peony Society）成立于 2000 年，该协会旨在将芍药牡丹作为园林植物推广，并将芍药牡丹爱好者聚集在一起。他们认为芍药牡丹爱好者对芍药牡丹的喜爱不仅仅是在英国，而是遍布在世界各地。因此，在英国芍药牡丹协会第一次年度大会上决定将其最初的名字 British Peony Society 改为 The Peony Society。每个加入芍药牡丹协会的成员，包括园丁、专业的园艺师、植物学家和苗圃业主都可以从成员中获得他们分享的各种美丽的品种。

注：英国芍药牡丹协会（The Peony Society）网址：www.peonysoc.com

The Peony Society 的宗旨包括：

（1）将芍药牡丹作为园林花卉推广。

（2）建立芍药牡丹园并举办年度花展。

（3）促进芍药牡丹的科学研究。

（4）鼓励保护野生芍药牡丹品种和古老品种资源。

（5）组织爱好者参观花园，在自然栖息地观赏野生芍药牡丹。

该协会也为会员提供种子交换服务，会员们可以交换植物。有些芍药牡丹可能非常昂贵，部分拥有者可能不乐意共享。协会在征得种子拥有者同意的情况下建议他们进行种子交换。因为协会认为这是一种安全措施，如果你的植物不幸死亡，你可以随时要求退回你分享的种子。

四、瑞典芍药牡丹协会

瑞典芍药牡丹协会（Swedish Peony Society）于 2013 年由主席和创始人 Leena Liljestrand 创立。协会旨在将芍药牡丹作为园林植物推广，并将对其有共同兴趣的人聚集在一起。

协会网站宣告每个人都有资格加入瑞典芍药牡丹协会，不仅仅局限于园丁、育种者和专业的园艺师等。在这里，你不需要了解芍药牡丹，你唯一需要的就是对它们的热情！瑞典芍药牡丹协会是一个非营利组织，他们为所有的会员提供如何以最佳方式种植和培育芍药牡丹的信息。在他们的网站上，经常会发布来自当地、北欧和国际芍药牡丹界的新闻。同时，他们也是美国芍药牡丹协会和阿拉斯加芍药牡丹种植者协会的成员。

瑞典芍药牡丹协会网站有他们总结的种植芍药的"十大基本准则"：

（1）只种植优质芍药：坚持从信誉良好的种植者那里获取芍药牡丹种苗。

（2）在秋天种植芍药：9～10 月是最好的时间。

（3）必须谨慎选择种植基地：要保证排水良好，土壤营养丰富，周边没有太大的乔木和灌木，也没有其他芍药植株。

（4）不要栽植的太深：上部最高的芽不应低于地面 2～5cm。

（5）避免过度生长：过多的营养会导致植株少或不开花。

（6）保证芍药苗壮生长：注意预防病虫害，防涝，确保良好的通风，不要把树叶扔进去充当肥料。

（7）不要期望第一年就开花：通常当年栽植的芍药，土壤、环境、施肥等可能会影响其第一年开花。

（8）要及时耕除杂草：杂草会滋养多种害虫并可能导致茎和叶遭受霉菌和真菌的攻击。

（9）不应过早剪掉茎和叶：在秋季要把芍药的枯叶剪去，但在至少还有 50% 的叶没有枯败前不要这样做。要把剪去的枯叶清除干净。

（10）遇到问题不要等待：联系我们，我们会帮助您。

注：瑞典芍药牡丹协会（Swedish Peony Society）网址：www.pionisten.se/omoss/information-in-english.html

通过他们的协会宗旨和他们分享的"十大基本准则"可以看出协会欢迎喜爱芍药牡丹的所有人加入他们，并且希望每一位会员都能够种出令自己满意的芍药。

五、加拿大芍药牡丹协会

加拿大芍药牡丹协会（Canadian Peony Society），由 John Simkins 创立于 1998 年 1 月，协会宗旨是促进加拿大芍药牡丹的种植和推广、新品种培育、国家收藏注册、组织每年一次的国家芍药牡丹展和其他地方芍药牡丹展览、种子交换等。网站还介绍有牡丹的开放花园、供应商和相关链接、历届展览的情况和照片。

值得一提的是协会的种子交换计划。协会可以为芍药牡丹爱好者提供他们喜欢的或较难获得的品种种子。协会网站还分别介绍了在室外、室内让种子萌发的方法。

种子发芽需要一个漫长的温暖湿润期，随着秋天到来，气温逐渐下降会促使根部开始生长，芽的生长需要经历冬季的寒冷才能打破休眠。室外播种方法如下：

（1）在 6 月中旬至 7 月中旬，将种子在水中浸泡约 4 天。下沉的种子一般是健康的种子，发芽率高。漂浮起来的种子一般是空心的，发芽率极低；

（2）将种子播种在花园或低温苗床内，种植深度 1 英寸（2.54cm），间隔 4 ~ 6 英寸（10.16 ~ 15.24cm）；

（3）浇水保持土壤湿润，避免土壤变干（忌过度湿润）；

（4）可以用木板或岩石对播种处进行覆盖，并做好标记，这不会影响它们的生长，因为到第二年春季，它们才会破土而出；同时，防止动物对其进行破坏；

（5）春季切记尽可能早地去除覆盖物。播种长出的植株花朵通常与其父母本相似，但也有所不同，新品种可以在美国芍药牡丹协会进行注册。

让种子在室内发芽是一个相当复杂的过程，这项工作的开展必须在秋季开始，以确保春季栽植幼苗的时机适宜。室内种子萌发方法：

（1）果荚开始开裂时收集种子；

（2）用肥皂水清洗种子，并以水：家用洗洁剂 =9 ∶ 1 的比例配制溶液浸泡种子 10 分钟，再用清水冲洗；

（3）对已储存的种子，在清水中浸泡 1 ~ 4 天，至少每天换水一次，下沉的种子一般是健康的种子，发芽率高。漂浮起来的种子一般是空心的，发芽率极低；

（4）将种子放在装有草炭和蛭石的密封袋中，置于室内温暖区域（避免阳光直射），每周检查是否有根长出，并保持湿润（忌湿）；

（5）保持适宜的温度，直到根长出约 3cm 后，可将密封袋移至阴凉处（温度约为 4℃）；

（6）12 周后，取出袋中发芽的种子（幼苗），需要将其放置在灯下几个月（保持湿润，但不浸湿），才能转移至外面，每隔几周对其施用保持营养平衡的液体肥料；

注：加拿大芍药牡丹协会（Canadian Peony Society）网址：www.peony.ca

（7）不要过早将幼苗转移出来，避免叶子被太阳灼伤，但最晚在9月之前，幼苗应放在排水良好，阳光充足的苗床上。

六、美国芍药苗圃介绍

近些年，国内园林行业进入了一个快速发展的时期，而作为观赏芍药产业基础的芍药苗圃也获得了难得的发展机遇，在种苗繁殖、培育及带动地方经济发展和丰富人民群众生活方面取得了较大的进步。然而，目前国际芍药市场为欧美国家所主导。虽然芍药传入美国不过200年的时间，直至20世纪初期才算真正有所发展，但在当前的国际芍药市场却占有重要地位，极具竞争力。其发达、成熟的芍药苗圃无疑在这其中扮演着重要的角色。当前国内的大幅度、大范围进行绿化的浪潮方兴未艾，芍药苗圃行业必将迎来一个发展的黄金期，我们通过对美国芍药苗圃的调查追踪，对其经营特点和发展趋势进行分析，以期为我国芍药产业发展提供一些思路。

（一）美国芍药苗圃概况

美国芍药苗圃产业发展迅猛，迄今为止已有50多家，主要集中分布在美国东北部、西北部和阿拉斯加州等地。芍药种植在美国农业部（USDA）植物适生区2～8区，那里大多土壤肥沃、暖夏冷冬，适宜芍药的苗壮成长。

那里的苗圃很大程度上都是家族企业（一小部分是由几个有兴趣的人共同组建的，如Gold City Flower Gardens苗圃），起步较早，并不断培育新的品种和组间杂种，对丰富芍药品种做出了极大的贡献，培养出了大量新优品种。美国芍药苗圃依据其营销种类的不同，一般可分为两种：芍药专营苗圃（表1-4）和农场型芍药苗圃（表1-5）。

只出售芍药的苗圃一般都是专业生产牡丹、芍药及其组间杂种，具有悠久的栽培历史和许多祖传的品种。如位于美国俄勒冈州赛伦以北的苗圃Adelman Peony Gardens，网上以"peony paradise"而闻名，自1993年第一次栽培芍药以来，利用其庞大的家族体系和地理优势，家族成员之间各司其职，不仅在芍药苗圃的培育与经营上取得了显著的成功，在国内外芍药苗圃里也得到了很高的评价。美国牡丹芍药协会每年6月都赞助其进行芍药展览，在最近的8年里有6年被评为"最好的展览"。当然，也有很多苗圃是

表1-4　芍药专营苗圃

苗圃名称	芍药品种数量（个）
Adeline's Peonies	—
Adelman Peony Gardens（peony paradise）	>250
Cricket Hill Garden	>200
Fina Gardens	>20
Full Bloom Farm	>22
Hidden Springs Flower Farm	约600
La Pivoinerie D'Aoust	约700
Peony Garden	>200
Simmons Paeonies	—
Thepeony Farm	>60
Warmerdam Paeonia	>100

表 1-5　农场型芍药苗圃

农场型芍药苗圃名称	经营植物
Alaska Hardy®Peony	牡丹、芍药、月季、葡萄等乔灌木等
Blossom Hill Nursery	飞燕草、高飞燕草、牡丹和芍药等
Brooks Gardens	鸢尾、芍药（250个品种）等
Cider Hill Gardens & Gallery	报春、牡丹、芍药、玉簪等
Funkie Gardens	宿根林地植物，玉簪、葡萄、玫瑰等乔灌木等
Gold City Flower Gardens	萱草、芍药等
Peony Farm	芍药、玫瑰、百合、铁线莲、绣球花等
Solaris Farms	萱草属植物，芍药、牡丹、百合等
Planteck	玉簪属草本植物，藜芦、橐吾、萱草、天竺葵、美人蕉、紫锥花、狼尾草等

聘请专门的销售人才，确保栽培与销售同步进行，如 Alaska Hardy®Peony 苗圃。

Cricket Hill Garden 苗圃也是专精于出售芍药和牡丹，立志带给人们最好品质的花卉。所有的芍药都是 4 年生或以上的，每一个预定的样本移植成功率皆保证为 99%。出售前，他们会对所有的芍药进行精密的检测，并提供可靠的种植信息，第一年不成活保证免费替换。北京林业大学洪涛教授在 1993 年参观该苗圃的时候曾授予"芍药天堂"的称号。位于美国明尼苏达州的 Hidden Springs Flower Farm 苗圃以提供芍药种类繁多而闻名，具芳香的、单瓣或重瓣的、有历史意义的、获过奖的、日本的及芍药的原种等都能从这里找到。不仅如此，它还提供各种花色的芍药，如白色、粉色、亮红、珊瑚色及杂种中的黄色，还包括稀有花色的种间杂种 'Alexander Woollcott'、'Bess Bockstoce' 和 'Boule de Neige'。这些苗圃大多在盛花期开设主题公园或花园陈列室，邀请游客进行参观和交流学习，同时也有利于引导消费。

农场型芍药苗圃大多经营植物不止一种，除了芍药外，还有多种多年生植物如飞燕草、高飞燕草、报春、鸢尾等。如 Blossom Hill Nursery 苗圃主要经营飞燕草和芍药，为了强调它们各自的盛放期，苗圃在芍药花期 5～7 月和飞燕草花期 6 月中旬至 7 月中旬不止一次邀请游客进行参观；盛花期过后，他们还在苗圃中售卖干花和圣诞装饰用花，保证四季有花供应，以此来有利地弥补了冬季景观的单调。2010 年，该苗圃在加拿大牡丹芍药协会 Oshawa 植物园举办的牡丹芍药盛会上夺得了 70 个丝带和"大草原上的月亮"的称号。

（二）美国芍药苗圃的特点

1. 追求自然和谐、简单务实

很多苗圃在命名上都努力表达追求生产出高质量的产品，如 Fina Gardens 苗圃。而 Cricket Hill Garden 致力于高品质的植物生产以及环境的可持续发展。Full Bloom Farm 苗圃将出售芍药与旅游结合在一起，为游客提供假期租赁的小屋和公寓，邀请游客于花期观赏植物的同时进行度假游玩，住所附近还有蔬菜园、鸡群、池塘、果园、海滩、观鸟区等，以此来营造度假的最好氛围。从这个角度上来说，这种芍药苗圃不再仅仅只是以资本营利为主要目的，在利用专业知识培育佳卉的同时，营造优质的人居环境，提高生活品质。

2. 私人经营、规模较小

大部分芍药苗圃都是私人经营，规模较小，难以实现规模销售效应。但是，规划、设计严谨，有利于实现精细化管理。通过加强质量管理，办好服务，苗圃不仅专注于特色品种的收集和培育，同时通过在花期进行游园展示，与游客分享盛开的喜悦，并且，听取建议，更有利于后续的发展与合作。同时，每个苗圃还有自己主要的花卉。私人经营也使得苗圃主可以按照自己的理念进行设计规划，这种方式使得他们能够避免传统圈地单纯的工厂化景观，这一点非常重要，私人花园式景观苗圃开放式的经营，吸引了大批的游客、经销商前来考察，形成良好的合作与互动机制。如 Full Bloom Farm 苗圃，每年在花期提供便利的条件邀请游客进行参观，而游客也对苗圃做出自己的评价，比如有游客在参观了之后发出了"春天里，游览 Full Bloom Farm 如同步入梦幻般的天堂！"的感叹。另外，各苗圃都积极参与美国牡丹芍药协会与加拿大牡丹芍药协会举办的活动，并取得各种荣誉来提高苗圃的知名度。

3. 特色突出、多样化发展

每个苗圃都有自己主要经营的芍药品种，而且芍药种植的形式多样，除了露地栽培、切花、干花，还有盆花。同时，各大苗圃品种目录逐年更新，如 Blossom Hill Nursery 苗圃，2011 年新增 43 个芍药新品种，Peony Garden 苗圃 2012 年新增 12 个。每到花期这些苗圃都设立专类园展示，对于开发市场尤为重要。

4. 科技对产业支撑明显

（1）生产自动化、标准化程度高

部分苗圃已经实行了机械化作业，不仅可以减少密集劳动力的生产成本，还可以实现对土地环境限制的突破，提高改造能力与实际工作效率。真正实现现代化生产。如 Adeline's Peonies 苗圃。同时，苗圃每年都会相应地添置设备，如 Our Garden Volo 苗圃依据往年芍药生长的情况增加行播机和冷却器等，以此来确保出售最好且新鲜的芍药。

（2）网络、信息化程度高

建立了比较完备的网络共享平台，完备的网络订购和销售渠道，通过网络推广介绍自己的产品，同时也可以通过邮件的方式推荐其他相关苗圃在产品、价格等方面的信息，真正做到互通有无。如：Cricket Hill Garden 不仅免费提供苗圃的全部产品目录，通过注册，还可以根据访客的需要发布苗圃最新产品信息和价格，同时也可以根据买家的授权，将联系方式发布给相关苗圃，进行相关的产品推介和交流。随着市场的不断扩大，美国芍药苗圃销售的渠道变得越来越广阔，一般可通过网上

E-mail、电话预定，或直接去苗圃采购，加急的通过联邦、UPS 快递 3 天内即可送达。销售范围也从最初的只出售到美国境内扩展至大部分苗圃可提供航空货运到全美 50 个州以及加拿大、欧洲等地区。

　　（3）专业水准高

　　苗圃均有专业的园丁、育种人员，学历较高，如 The Peony Farm 苗圃掌门 Clint Thompson 具有佛蒙特大学农业学位和多年的园艺育种经验。每个苗圃都有专业的园丁、销售人才，Cider Hill Gardens & Gallery 苗圃还有世界知名的草药学家 Sarah 和艺术家 Gary，以此来提供给人们苗圃和美学的独特搭配。

第二章

芍药

<h1 style="text-align:center">第一节
芍药分类学研究</h1>

1753 年，林奈（Linnaeus）根据采集自瑞典的两份野生植物标本首次描述了芍药属（*Paeonia*），并定名了 1 个种（species）2 个变种（variety）：*Paeonia officinalis* var. *feminea* 和 *P. officinalis* var. *mascula*，自此拉开了芍药属分类研究的序幕。

中国分布的野生芍药第一个被定名的是新疆芍药（*P. anomala*）。1771 年林奈根据采集自西伯利亚的一个标本命名了芍药属一个新种 *P. anomala*，这个种是一个广布种，在亚洲和欧洲东北部都有分布，该种主要分布在我国新疆的阿勒泰地区和塔城地区。1776 年 Pallas 又根据同样采集自西伯利亚的一个野生植物标本描述了一个新种芍药（*P. lactiflora*），同样，这个种也是一个广布种，在东亚地区广泛分布，在我国的东北地区、西北地区和华北地区也都有广泛分布。1788 年 Pallas 在其著作 *Flora Rossica Pallas* 一书中共描述了 6 种芍药属植物 *P. albiflora*、*P. officinalis*、*P. laciniata*、*P. hybrid*、*P. tenuifolia* 和 *P. sibirica*，并配有插图。其中 *P. albiflora*、*P. laciniata*、*P. hybrid* 和 *P. sibirica* 是新描述的物种，但是在该书中，*P. laciniata* 和 *P. sibirica* 却使用的是同一个插图。在之后的研究中发现 *P. albiflora* 是 *P. lactiflora* 的同义词，*P. hybrid* 是 *P. anomala* 的同义词，根据国际命名法规的优先律原则，*P. albflora* 和 *P. hybrid* 不被认可和使用。

1804 年，Andrews 根据 1794 年从中国广州引入到欧洲的一株植物，描述了第一个芍药属木本植物 *P. suffruticosa*（即牡丹）。自此人们才认识到芍药属有木本类型的存在，1818 年 Anderson 在伦敦林奈学会（Linnaean Society of London）出版了第一本芍药属的著作，在这本书中，他将芍药属分为两类：灌木类（Fruticosa）和草本类（Herbaceae）。1818 年 De Candolle 首次提出将芍药属分为两个组：牡丹组（sect. *Moutan*）和芍药组 [sect. *Paeon* (*Paeonia*)]，其中已经被认知的木本类型归为牡丹组，草本类型归为芍药组。

1830 年，Mayer 根据采集自俄罗斯阿尔泰的一个芍药属标本，发表了一个新种，即块根芍药（*P. intermedia*），但是遗憾的是很长一段时间，植物分类学家将它与新疆芍药（*P. anomala*）和细叶芍药 [*P. hybrid* (=*P. tenuifolia*)] 混淆。

1859 年，Maximowicz 描述了第一个远东地区的芍药属植物 *P. obovatea*（标本采自俄罗斯的阿穆尔地区），该种也是一个广布种，除在远东地区分布外，在我国的大部分地区以及朝鲜半岛和日本也有分布。

1980 年，Lynch 对芍药属重新进行了分类，将芍药属分为了 3 个亚属：牡丹亚属（subg. *Moutan*），只包含一个木本种 *P. moutan*；北美芍药亚属（subg. *Onaepia*），只包含分布在美国北部的北美芍药（*P. brownii*），他将加利佛尼亚芍药（*P. californica*）作为它的一个变种；芍药亚属（subg. *Paeonia*）。Lynch 关于亚属的分类被后来的一些分类学者认可。

1904 年，Finet 和 Gagnepain 发表了他们关于亚洲芍药属研究的结果，他们通过标本详细描述了 10 种植物。*P. lutea* 第一次被描述为 *P. delavayi* 的一个变种，将分布在东亚的草芍药（*P. obovata*）认为与分布在高加索地区的 *P. wittmanniana* 是同一种植物，并认为分布在中国四川康定的一种植物与分布在西伯利亚的 *P. anomala* 是同一个种，四川康定这种芍药属植物在 1909 年被认定为是一个新种：川赤芍（*P. veitchii*）。

1909—1939 年，有 10 个分布在中国的芍药属新种被描述。其中前面提到的 1909 年 Lynch 描述了一个一茎多花的芍药属植物：川赤芍（*P. veitchii*）（标本采集自中国四川）。1915 年 Léveillé 描述了一个新种美丽芍药（*P. mairei*）（标本采集自中国云南）。Stapf Otto 在 1916 年根据采集自中国湖北的一种芍药种子长出的苗命名了 *P. willomttiae*。Handel-Mazzetti 在 1920 年描述了一个新种 *P. oxypetala*（标本采集自中国四川）。*P. bifurcata* 在 1920 年被 Schipczinsky 根据采集自中国重庆的标本命名。1921 年 Komarov 命名了 2 个来自中国四川的新物种 *P. beresovskii*，很快这个种被认为是川赤芍的一个变种 *P. veitchii* var. *bersowskii* (Kom.)。Cox 在 1930 年描述了一个新种：毛赤芍（*P. woodwardii* Stapf ex Cox）（标本采集自中国甘肃）。1939 年 Handel-Mazzetti 将 *P. lactiflora* Pall.（1776）这个更早的名字提出替代了 *P. albiflora* Pall.（1788）作为芍药的正式拉丁名。

1943 年，Stern 发表了一篇关于芍药属分类的文章，沿用 Lynch（1980）的分类观点将该属分为 3 个属下等级，但是使用了一个较低的等级：组（section）。3 个组分别为：①牡丹组（sect. *Moutan*），所有木本类型属于该组；②北美芍药组（sect. *Onaepia*），产自北美洲的两个种属于该组；③芍药组 [sect. *Paeon*(=*Paeonia*)]，旧大陆所有的草本类型属于该组。芍药组又被分为 2 个亚组：有明显完整小叶的被归到多裂叶亚组（subsect. *Foliolatae*），小叶分裂的被归到全缘羽叶亚组（subsect. *Dissectifoliae*）。

我国虽然在夏商时期（约前 2070—前 1600 年）的《诗经》中已经出现描写芍药的诗句，但关于芍药属的科学研究在 20 世纪才逐步开展。方文培是我国第一个研究芍药属植物的学者，依据 Stern（1946）的标准，他（1958）根据多年采集的大量我国芍药属标本对中国的芍药属植物进行了总结，发表了《中国芍药属的研究》。在该论文中，方文培描述了 12 个种，其中芍药组有：美丽芍药、草芍药、毛叶芍药、芍药、季川芍药、川赤芍（毛叶芍药和季川芍药后来被认为是芍药的栽培品种）。在这篇论文中，方文培首次提出了牡丹组、革质花盘亚组、肉质花盘亚组及芍药组、全缘羽叶亚组和多裂叶亚组的中文名称，这些名称被中国学者沿用至今。

潘开玉在编写《中国植物志》时，对芍药属进行了一次全面修订，提出芍药组有 8 个种 6 个变种（潘开玉，1979）。1990 年戴克敏等对产自新疆阿勒泰地区哈巴河的野生芍药和川赤芍在花部特征、花粉形态和根的结构等方面进行了比较，提出了一个新种：阿尔泰芍药（*P. altaica*）。1991 年丁开宇等对产自中国东北的多个地区的草芍药（*P. obovata*）进行了形态、解剖、细胞、地理分布及发育节律等方面的研究，认为红花类型是真正的草芍药，白花类型是山芍药（*P. japonica*）。1993 年洪德元等对新疆的芍药属资源进行了调查，认为新疆只有 2 种芍药：块根芍药和新疆芍药，将阿尔泰芍药并入到新疆芍药中。2001 年洪德元等在 *Flora of China* 中，又对芍药属进行了重大修订，认为中国芍药属共有 15 个种 4 个亚种，其中芍药组有 7 个种 2 个亚种，将新疆芍药和川赤芍作为一个种下的 2 个亚种处理，至此中国芍药组野生种被基本确定下来（图 2-1）。

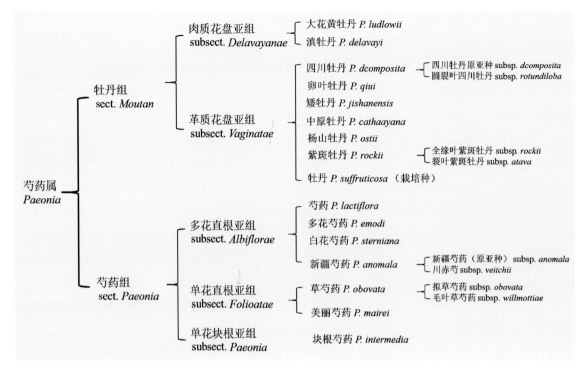

图 2-1　中国芍药属资源（根据 *Floral of China* 整理）

第二节
中国野生芍药资源

芍药属下分为 3 个组：牡丹组、芍药组和北美芍药组。其中牡丹组全部为木本，仅分布在中国。其余 2 个组的成员为草本，北美芍药组只有 2 个种，且仅分布在新大陆（北美洲）。芍药组的分布非常广泛，广布在北纬 30°～45°之间的温带地区，最北可达北纬 66.5°，进入北极圈。芍药组不仅分布广，而且种类多，组下有 20 多个种，根据最新的研究结果认为中国约有 7 个种 2 个亚种。

芍药组根据小叶是否有裂，被分为了 2 个亚组：全缘羽叶亚组和多裂叶亚组（图 2-2）。在 21 世纪初，2 个亚组的成员基本确定，全缘羽叶亚组包括：草芍药（*P. obovata*）、美丽芍药（*P. mairei*）、芍药（*P. lactiflora*）；多裂叶亚组包括：多花芍药（*P. emodi*）、白花芍药（*P. sterniana*）、川赤芍（*P. anomala* subsp. *veitchii*）、新疆芍药（*P. anomala* subsp. *anomala*）和块根芍药（*P. intermedia*）（注：在最初的研究中川赤芍和新疆芍药是作为两个种处理的）。

2010 年，洪德元院士根据每茎单花还是多花、地下是块根还是直根，将芍药组下的亚组进行了重新划分，首次提出了 3 个亚组的观点，即：

（1）多花直根亚组（subsect. *Albiflorae*）：单茎多花，根为胡萝卜形。这个亚组的种类最多，包括芍药、多花芍药、白花芍药、新疆芍药和川赤芍。该组野生种在中国的地理分布如图 2-3 所示。

（2）单花直根亚组（subsect. *Foliolatae*）：单茎单花，根为胡萝卜形。草芍药和美丽芍药属于这一亚组。该组野生种在中国的地理分布如图 2-4 所示。

（3）单花块根亚组 (subsect. *Paeonia*)：单枝单花，根纺锤形。中国的芍药属资源里，只有块根芍药属于这一亚组。该组野生种在中国的地理分布如图 2-4 所示。

下面按照洪德元院士最新的 3 个亚组分类体系，分别介绍我国原产的野生芍药资源。

图 2-2　全缘羽叶亚组与多裂叶亚组的叶部形态

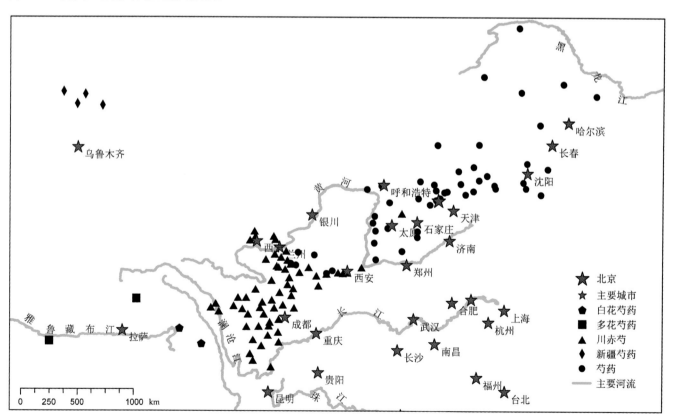

图 2-3　多花直根亚组野生种在中国的地理分布示意图

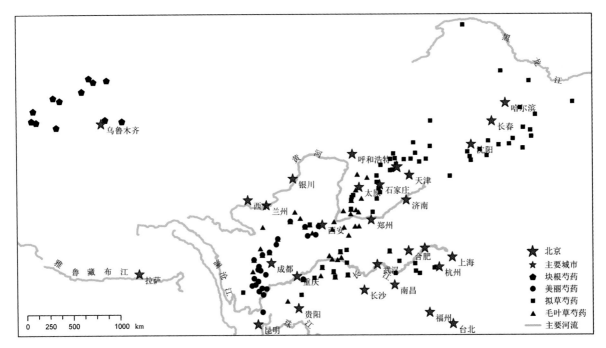

图 2-4　单花直根亚组、单花块根亚组野生种在中国的地理分布示意图

中国芍药组（sect. *Paeonia*）分类检索表

1a. 小叶最多 9 枚，全缘，心皮光滑无毛 .... 草芍药 *P. obovata*

  2a. 叶背无毛 .... 拟草芍药 *P. obovata* subsp. *obovata*

  2b. 叶背有毛 .... 毛叶草芍药 *P. obovata* subsp. *willmottiae*

1b. 小叶超过 9 枚，至少有一部分小叶有裂，心皮被毛或光滑

  2c. 小叶最多 20 枚，部分小叶全裂，多数裂片超过 2 cm 宽

    3a. 心皮 1 枚（或 2 枚） .... 多花芍药 *P. emodi*

    3b. 心皮 2～5 枚

      4a. 每枝顶部和叶腋形成多朵花，小叶叶脉被刚毛，小叶边缘有骨质细齿 ....

      .... 芍药 *P. lactiflora*

      4b. 每枝仅顶部着花，小叶光滑无毛 .... 美丽芍药 *P. mairei*

  2d. 小叶超过 20 枚，小叶几乎全部分类，裂片宽度多数小于 2 cm

    5a. 植株通体无毛 .... 白花芍药 *P. sterniana*

    5b. 小叶正面叶脉凹陷处通常被毛，心皮通常被褐黄色短绒毛

      6a. 几乎所有萼片有细长尖尾；根系圆柱形，逐渐变细 .... 新疆芍药 *P. anomala*

      7a. 每枝顶部和叶腋形成多朵花 .... 川赤芍 *P. anomala* subsp. *veitchii*

      7b. 每枝仅顶部形成一朵花 .... 新疆芍药（原亚种） *P. anomala* subsp. *anomala*

      6b. 多数萼片无尾，根系通常块茎状 .... 块根芍药 *P. intermedia*

一、多花直根亚组（subsect. *Albiflorae*）

（一）芍药（*Paeonia lactiflora* Pall.）

形态特征　多年生草本，根条索状，圆柱形，根皮棕褐色。茎高 40.0 ～ 70.0cm，无毛。茎秆下部叶为二回三出复叶，上部叶多为三出复叶；小叶 10 ～ 15 枚，稀 9 枚，小叶狭卵形、椭圆形或披针形，顶端渐尖，基部楔形或偏斜，边缘具白色骨质细齿（该特征是识别该种的重要特征），叶片正面无毛，叶背疏生短柔毛，沿脉具刚毛。花数朵生于茎顶和近顶端叶腋，有时仅顶部花蕾开放，上部叶腋处有发育不好的花芽；花朵直径 8.0 ～ 11.5cm，苞片 4 ～ 5 枚，披针形，大小不等；萼片 4 枚，宽卵形或近圆形，长 1.0 ～ 1.5cm，宽 1.0 ～ 1.7cm；花瓣 9 ～ 13 枚，倒卵形，花白色或粉红色；花丝黄色，花药黄色；花盘浅杯状，包裹心皮基部，顶端裂片钝圆；心皮 2 ～ 5 枚，绿色或紫红色，无毛或被棕褐色短绒毛。蓇葖果长圆状椭圆形，顶端具喙，种子卵形，棕褐色至黑色，部分种皮表面有白色浮点，种皮坚硬。花期 5 ～ 6 月，果期 7 月底至 9 月（图 2-5，图 2-6）。

染色体数目　2n=10

分布与生境　主要分布于中国、朝鲜半岛、蒙古国西部和俄罗斯（远东和西伯利亚西南）。在中国主要分布于东北地区、华北地区和西北地区；生境类型主要是海拔低于 2300m 的灌丛或草地，偶尔也在林下分布（图 2-7）。

图 2-5　芍药花朵（左：四川康定，右：内蒙古赤峰）

图 2-6　芍药叶片和花部解剖图　　　图 2-7　芍药生境（左：黑龙江鸡西，邵凯先 供图，右：内蒙古乌拉盖，王刚山 供图）

资源现状及利用　我国芍药野生资源在北方地区分布广泛，在内蒙古因得到较好保护，种群数量还较大。芍药野生种在夏、商、周三朝已经开始被人们栽培，供贵族观赏，后经过不断驯化和杂交培育出了大量花型和花色变异丰富的品种，构成了我国主流栽培芍药，而我国的其他野生种没有参与到中国主流栽培品种的形成。现如今芍药品种栽培分布极其广泛，我国除华南地区外，各地园林中普遍栽培，以北京、山东菏泽、河南洛阳、江苏扬州和甘肃兰州最负盛名。19世纪初，中国栽培芍药传入欧洲，并在欧洲和北美不断发展。利用芍药培育的栽培品种现已成为世界栽培芍药品种群的重要组成部分，国际上将芍药作为唯一亲本选育的品种群称为Lactiflora group，即中国芍药品种群。

（二）多花芍药（*Paeonia emodi* Wall. Ex Royle）

形态特征　多年生草本，茎高50～115cm，茎无毛。下部叶为二回三出复叶，上部叶3深裂或全裂；顶生小叶近3全裂或2裂，侧生小叶不裂或不等2裂；小叶多15枚，长圆状椭圆形或长圆状披针形，（9.0～13.0）cm×（2.0～3.5）cm，两面无毛，基部楔形，下延，全缘，先端渐尖。每枝着花2～4朵，花单瓣，生茎顶和顶部叶腋，部分叶腋处花败育，花朵直径8～12cm；苞片3～6枚，叶状，披针形；萼片3枚，近圆形，先端尾状；花瓣白色，8～10枚，倒卵形，约4.5cm×2.4cm；花丝1.5～2.0cm，淡黄色，花药黄色；心皮1～3枚，密生淡黄色糙伏毛，很少无毛；蓇葖果卵球形；种子黑色，卵圆形，外种皮浆果状。花期4～5月，果期7～8月（图2-8至图2-12）。

染色体数目　2n=10

分布与生境　在中国仅分布在西藏日喀则吉隆镇，中国与尼泊尔交界处，在印度和尼泊尔也有分布；主要生长于林缘灌丛，海拔高度2500m左右，主要伴生植物有喜马拉雅长叶松、忍冬、矮探春、小叶枸子等（图2-13）。

资源现状及利用　多花芍药在我国仅西藏有分布，生境因人为干预较少，种群数量还较多。该种是中国野生芍药乃至世界野生芍药中株高最高的一个种，野外调查发现约1/3的个体株高

图2-8　多花芍药花朵（张家平 供图）

图2-9　多花芍药果实

图 2-11　多花芍药叶片

图 2-10　多花芍药整株形态

图 2-12　多花芍药幼苗

图 2-13　多花芍药生境（左：张家平 供图）

超过 1m。美国著名牡丹芍药育种家桑德斯（Saunders）利用它和栽培芍药杂交，培育出高度达 1.5m 的丰花芍药品种'White Innocence'。因此，利用该野生种与其他芍药杂交，有望培育出早花、丰花及高大的芍药新品种。

（三）白花芍药（*Paeonia sterniana* H. R. Fletcher）

形态特征　多年生草本，茎高 35 ～ 58cm，通体无毛。根圆柱状，向下逐渐变细。下部叶为二

回三出复叶，上部叶 3 深裂或近全裂；顶小叶 3 裂至中部或 2/3 处，侧生小叶不等 2 裂，裂片再分裂，小叶或裂片狭长圆形至披针形，（5.0 ～ 12.0）cm×（1.0 ～ 2.5）cm，基部楔形，边缘全缘或浅裂，先端渐尖；小叶达 40 枚。花单生茎顶，单瓣，直径 4 ～ 6cm，有时未发育成功的花蕾在上部叶的叶腋内也存在。苞片 3 ～ 4 枚，叶状，大小不等。萼片 3 ～ 4 枚，卵圆形或圆形，（2.0 ～ 2.5）cm×（1.5 ～ 2.0）cm，先端尾状居多。花瓣白色，花末期部分花朵边缘变为玫红色，倒卵形，长约 3.5cm，宽约 2.0cm。花浅黄色，花药黄色。花盘黄色，环绕心皮基部。心皮 2 ～ 4 枚，绿色，光滑无毛，柱头浅紫色。花朵从初开至谢花都呈现杯状，花瓣不完全展开。种子卵球形，种皮暗蓝色，外种皮浆果状。花期 5 月，果期 7 ～ 8 月（图 2-14 至图 2-19）。

染色体数目　2n=10

地理分布与生境　分布在中国西藏西南部的林芝波密县境内；主要生长在海拔 2830 ～ 3500m 的林下空旷地带。为中国特有种（图 2-20）。

资源现状与利用　白花芍药的数量极其稀少。在采集白花芍药花粉的过程中发现，该种的花粉与其他野生芍药相比，花粉量极少。该地区的土壤为深厚的腐叶土，土壤也较湿润，但未发现有幼苗存在。关于白花芍药濒危的原因需要深入的研究，同时也应该积极开展该物种的保育工作。

图 2-14　白花芍药花朵

图 2-15　白花芍药整株形态

图 2-16　白花芍药叶片

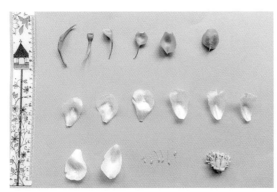

图 2-17　白花芍药花部解剖图

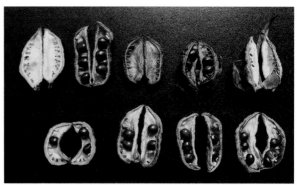

图 2-18　白花芍药果荚和种子

图 2-19　白花芍药的休眠芽

图 2-20　白花芍药生境

（四）新疆芍药（*Paeonia anomala* L.）

形态特征　多年生草本，茎高 30 ～ 100cm，茎无毛。根圆柱形，向下逐渐变细。下部叶为二回三出复叶；小叶羽状分段，基部下延；小叶成羽状分裂，有时浅裂；裂片线形至线状披针形，（3.5 ～ 10.0）cm×（0.4 ～ 2.1）cm，背面通常无毛，很少具糙硬毛或沿脉和边缘具糙硬毛或硬毛，先端渐尖。花单生茎顶，或 2 ～ 4 朵生茎顶或上部叶腋处，花单瓣，花朵直径 7 ～ 14cm，有时可见 1 ～ 3 个未发育成功的花蕾在上部叶的叶腋内。苞片 2 ～ 5 枚，叶状，大小不等。萼片 3 ～ 4 枚，卵圆形，（2.0 ～ 2.5）cm×（1.5 ～ 2.0）cm，先端尾状渐尖。花瓣 6 ～ 9 枚，玫红色，偶尔近白色，长圆形，（3.0 ～ 6.5）cm×（1.5 ～ 3.0）cm。花丝长 5 ～ 10mm，浅黄色，花药黄色。花盘肉质，黄色，仅包裹心皮基部。心皮 2 ～ 5 枚，被稀疏到密黄棕色糙硬毛，很少无毛。柱头多浅黄色，偶见红色。蓇葖果卵球状椭圆形，长约（2.0 ～ 3.1）cm×（1.0 ～ 1.5）cm。种子黑色，有光泽，长圆形。花期 4 ～ 7 月，果期 8 ～ 9 月。

该种下有 2 个亚种，分别为：

1. 新疆芍药（原亚种）（*Paeonia anomala* subsp. *anomala*）

形态特征　花单生枝顶，很少有 1 ～ 2 个未发育成功的花蕾存在上部叶腋处。花期 6 月，果期 8 ～ 9 月，种子黑色，有光泽，长圆形，种皮坚硬（图 2-21 至图 2-26）。

图 2-21　新疆芍药（原亚种）花朵（焦鹏 供图）

图 2-22　新疆芍药（原亚种）叶片和花部解剖图

图 2-23　新疆芍药（原亚种）整株形态（左：欧晓娟 供图，右上：焦鹏 供图，右下：王亮生 供图）

图 2-24　新疆芍药（原亚种）根系（王亮生 供图）

图 2-25　新疆芍药（原亚种）开裂果荚和种子（王亮生 供图）

图 2-26　新疆芍药（原亚种）蓇葖果（王亮生 供图）

染色体数目　2n=10

分布与生境　为广布种，主要分布在中亚到卡拉半岛直至西伯利亚，在我国新疆的阿勒泰地区和塔城地区有分布；主要生长在海拔低于 2400m 的阔叶或针叶林山谷（图 2-27）。

资源现状与利用　新疆芍药在我国仅分布在新疆，主要分布在阿勒泰地区和塔城地区，因分布较为偏远，资源保存相对较好。新疆芍药在育种上利用得还较少，具有开发价值。美国牡丹芍药育种家 Saunders 利用新疆芍药和多花芍药杂交培育出了'Windflower Late'。

图 2-27　新疆芍药（原亚种）生境（上：王亮生 供图，下：焦鹏 供图）

2. 川赤芍 [*Paeonia anomala* subsp. *veitchii* (Lynch) D. Y. Hong & K. Y. Pan]

形态特征 每枝着花 2 ～ 4 朵，顶生和腋生，通常有 1 ～ 3 个未发育成功的花蕾存在于上部叶腋处。花期 4 ～ 7 月，果期 8 ～ 9 月。

因水平和垂直分布范围都较广，因此川赤芍不同居群之间也存在一定的变异，主要体现在花色、叶裂片形态、单枝着花量以及果实表皮是否被毛上。多数川赤芍花色为紫红色，但也存在一些居群花色为浅粉色至粉红色，调查中在壤塘县还发现有纯白色花的川赤芍居群。川赤芍在不同生境下小叶裂片差异也较大，在郁闭度较高的生境中小叶裂片较宽，而在光照较为充足的居群中，小叶裂片较窄，其中一个分布在草原的居群，小叶裂片多在 2mm 左右，类似于细叶芍药（*P. tenuifolia*）。单枝着花量在川赤芍不同居群之间也存在较大差异，部分居群只能形成一朵正常开放的花，而叶腋处其他花蕾并不能正常发育成花，但部分居群可以形成 3 朵以上的花。在《中国植物志》中提到了一个变种 '光果赤芍'，但我们在野外调查之后发现部分居群的不同个体之间果实被毛程度不同，部分植株果皮被毛，也存在一些单株果皮光滑无毛（图 2-28 至图 2-34）。

染色体数目 2n=10

分布与生境 川赤芍是我国特有的一种野生芍药，分布范围较广，四川、陕西、山西、青海、宁夏和甘肃都有分布；川赤芍主要生长于海拔 1800 ～ 3870m 林缘和疏林下，但在高寒草原也见有分布（图 2-35）。

资源现状与利用 川赤芍除在甘肃有部分人工引种栽培外，其他地方都还处于野生状态。在川赤芍产区，存在药农大量采挖野生川赤芍的根作为药材的情况，因此资源破坏严重。川赤芍花期较早，在甘肃与紫斑牡丹花期相同，甚至早于紫斑牡丹花期，因此是培育早花芍药的优良亲本。同时，川赤芍小叶多裂，叶形较为优美，也是培育新叶形品种的优质亲本。但川赤芍对高温的耐受力较差，不适合直接引种到夏季高温高湿地区栽培。

图 2-28　川赤芍花朵

图 2-29　川赤芍整株形态（左下：王涛 供图）

图 2-30　川赤芍一茎多花

图 2-31　川赤芍花部解剖图　　　　图 2-32　川赤芍叶片

图 2-33　川赤芍心皮光滑或不同程度被毛（四川省小金县）

图 2-34　川赤芍果实（左：四川省壤塘县，右：四川省炉霍县）

图 2-35 川赤芍生境

二、单花直根亚组 （subsect. *Foliolatae*）

（一）草芍药 （*Paeonia obovata* Maxim.）

形态特征　多年生草本，茎高 30.0 ～ 70.0cm，茎无毛。根粗壮，长圆形，渐尖。下部叶平展或上升，为二回三出复叶；小叶倒卵形，（5.0 ～ 14.0）cm×（4.0 ～ 10.0）cm，叶片正面无毛，叶背无毛至密被短柔毛或具粗毛，基部楔形，边缘全缘，先端圆形或锐。花单生枝顶，单瓣，花朵直径 7.0 ～ 12.0cm。苞片 1 ～ 2 枚，不等长。萼片 2 ～ 4 枚，不等长，（1.5 ～ 3.0）cm×（1.5 ～ 2.0）cm，先端圆形多见。花瓣 4 ～ 7 枚，多 6 枚，平展或弯曲，白色、粉红色、红色、紫红色，部分白色花瓣有粉红色的基部或边缘，倒卵形，（3.0 ～ 5.5）cm×（1.8 ～ 2.8）cm。花丝白色、黄绿色，或紫色的近端和完全白色的远端；花药黄色、橘红色或深紫色。花盘黄色，浅杯状包裹心皮基部。心皮（1 ～）2 或 3（～ 5）枚，无毛；子房绿色。柱头红色。果荚逐渐下弯，椭圆形，2.0 ～ 3.0cm。种子暗蓝色，外种皮浆果状，有光泽。花期 4 ～ 5 月，果期 8 ～ 9 月。

1. 拟草芍药 （*Paeonia obovata* subsp. *obovata*）

形态特征　叶背面通常无毛或疏生短柔毛或具长硬毛（很少浓密）（图 2-36 至图 2-38）。

染色体数目　2n=10（20）

引种观察日本的山芍药（*P. japonica*）发现其与我国东北所产的拟草芍药表型形态特征一致。丁开宇和刘鸣远（1991）对东北地区的草芍药进行研究发现东北白花类型与日本山芍药表型和花期接近。因此认为日本山芍药和我国的拟草芍药是同一个种。

分布与生境　拟草芍药分布范围更广，分布在四川东部、贵州遵义一带、湖南西部、江西（庐山）、浙江（天目山）、安徽、湖北、河南西北部、陕西南部、宁夏南部、山西、河北及东北地区。除在我国分布以外，在朝鲜半岛、日本和俄罗斯远东地区也有大量分布；分布海拔 800 ～ 2600m 的山坡草地、林缘及落叶林下（图 2-39）。

图 2-36　拟草芍药花朵

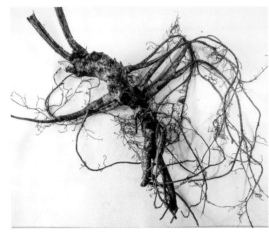

图 2-37　拟草芍药根系

图 2-38　拟草芍药种子

图 2-39　拟草芍药生境（邵凯先 供图）

2. 毛叶草芍药［*Paeonia obovata* subsp. *willmottiae* (stapf) D. Y. Hong & K. Y. Pan］

形态特征　叶背面通常密生短绒毛（很少疏生短柔毛或具粗毛）（图 2-40 至图 2-45）。

染色体数目　2n=20（10）

分布与生境　毛叶草芍药主要分布在我国四川东北部、甘肃南部、陕西南部、湖北西部、河南嵩县一带及安徽九华山一带；生长在海拔 1500～2000m 的落叶林下（图 2-46）。

资源现状及利用　草芍药两个亚种在中国的分布范围比芍药（*P. lactiflora*）还广泛，但在我国很多地区，草芍药块根被大量采挖作为"赤芍"的替代品，伴随而来的是种群数量锐减，现已很难见到较大的自然种群。草芍药适应性较强，在河南、北京等多地都能引种成活并开花结实。

草芍药花期极早，与牡丹花期接近。或许是因为与芍药花期不遇，而使得这个野生种在杂交育种中未被我国先民开发利用，国内迄今未见到有利用该野生种杂交获得新品种的记录。草芍药在日本也有广泛的分布，但也未见到有草芍药和其他芍药杂交培育出新品种的报道，多数是在红花类型和白花类型上尝试杂交，已经培育出了一些花色、花型新颖的品种，但整体观赏性还较差，现阶段仅在美国芍药牡丹协会（American Peony Society, APS）见 3 个利用拟草芍药与其他芍药栽培品种杂交获得新品种的报道。

图 2-40　毛叶草芍药花朵

图 2-41　毛叶草芍药叶背　　　　图 2-42　毛叶草芍药整株形态 一

图 2-43　毛叶草芍药果荚和种子

图 2-42　毛叶草芍药整株形态 二

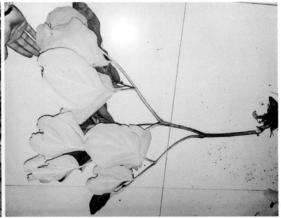

图 2-44　毛叶草芍药根系

图 2-45　5 心皮毛叶草芍药，小叶巨大（四川康定）

图 2-46　毛叶草芍药生境（左一：刘楚国 供图）

（二）美丽芍药（*Paeonia mairei* H. Lév.）

形态特征　多年生草本，茎高 35.0 ～ 100.0cm，茎无毛。根粗短，渐尖。下部叶为二回三出复叶；顶生小叶部分分裂，小叶数和裂片数多为 14 ～ 17 枚，小叶倒卵形或宽椭圆形，（6.0 ～ 16.5）cm×（1.8 ～ 7.0）cm，无毛，基部楔形，先端通常渐尖，甚至尾尖。花单生枝顶，单瓣，花朵直径 7.5 ～ 14.0cm。苞片 1 ～ 3 枚，叶状或线形，9.0cm。萼片 3 ～ 5 枚，绿色，宽卵形，（1.0 ～ 1.5）cm×（0.9 ～ 1.2）cm。花瓣 7 ～ 9 枚，粉红色至红色，倒卵形，（3.5 ～ 7.0）cm×（2.0 ～ 4.5）cm，先端通常圆。花丝紫红色；花药黄色。花盘黄色，浅杯状包裹心皮基部。心皮 2 或 3 枚，被黄色短硬毛，有时无毛。宽 4mm；柱头红色。蓇葖果（3.0 ～ 3.5）cm×（1.0 ～ 1.2）cm，成熟时心皮开裂反卷，果荚内部呈现红色。种子卵圆形，长 7 ～ 8mm，直径 4 ～ 5mm 暗蓝色，外种皮浆果状。花期 4 ～ 5 月，果期 8 月（图 2-47 至图 2-52）。

染色体数目　2n = 20

图 2-47　美丽芍药花朵

图 2-48　美丽芍药叶片

图 2-49　美丽芍药花部解剖图

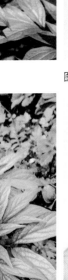

图 2-50　美丽芍药整株形态

图 2-51　美丽芍药种子

图 2-52　美丽芍药根系

　　分布与生境　分布在中国的重庆、甘肃西南、陕西汉中、四川西南部到云南西北部，为中国特有种；生长在海拔 800～3400m 的阔叶林下，基质多为石灰岩（图 2-53）。

　　资源现状与利用　美丽芍药主要分布在我国西北地区和四川西部，分布范围相对较窄（图 2-54）。由于大量美丽芍药生境被破坏，同时作为药材赤芍的替代品被挖掘，美丽芍药种群正在逐步萎缩，甚至部分原来报道的种群已经消失，因此亟待保护和拯救。四川雅安地区部分农民利用种子进行美丽芍药的繁殖，已经初见成效。

图 2-53　美丽芍药生境

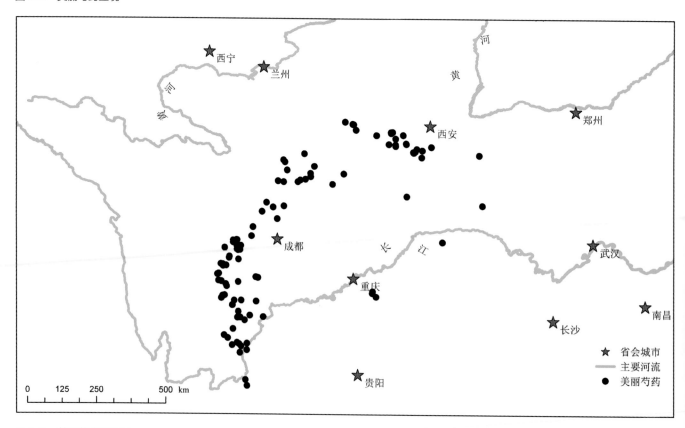

图 2-54　美丽芍药的分布

三、单花块根亚组（subsect. *Paeonia*）

（一）块根芍药（*Paeonia intermedia* C. A. Mey.）

形态特征 多年生草本，茎高 30～70cm。块根纺锤状或近球形，直径 1.2～3.0cm。下部叶为二回三出复叶；小叶多次分裂，基部下延，裂片线状披针形至披针形，（6～16）cm×（0.4～1.5）cm，叶背面无毛，沿脉具刚毛，先端渐尖。花单生枝顶，单瓣，宽 6.5～12.0cm。苞片 3 枚，叶状，大小不等。萼片 3～5 枚，通常紫红色，卵圆形，（1.5～2.5）cm×（1.0～2.0）cm，先端圆形多见（至少 2 个萼片不是尾状）。花瓣 7～9 枚，紫红色，倒卵形，（3.5～5.5cm）×（1.5～3.0）cm，先端不规则锯齿状。花丝浅黄色，花药黄色。花盘发育不明显；心皮 1～5 枚，多 2～3 枚，无毛到密被短硬毛。蓇葖果（2.0～2.5）cm×（1.1～1.3）cm。种子黑色，有光泽，长圆形，长约 5mm×3mm。花期 5～6 月，果期 7～8 月（图 2-55 至图 2-59）。

该种是中国所有野生芍药中唯一的根系呈现纺锤形的一个种。因与新疆芍药地上部分形态特征相似，且分布区域有交叉，在过去很长一段时间内被认为是新疆芍药。

分布与生境 块根芍药分布在中国新疆的西部、哈萨克斯坦、吉尔吉斯斯坦、塔吉克斯坦、乌兹别克斯坦和俄罗斯的阿尔泰；主要生长在草地或灌丛，极少生长在林下（图 2-60）。

资源现状与利用 块根芍药主要分布地并不在中国，国内仅新疆地区有少量分布。块根芍药株型较低矮，叶片纤细，花朵硕大艳丽，花期可以形成壮观花海景观。在新疆裕民县、吉木乃县都有专门块根芍药观赏景区，每年吸引大量游客参观。现阶段未见到利用块根芍药杂交培育出新品种的报道，但和其亲缘关系较近的细叶芍药（*P. tenuifolia*）已经被广泛利用，培育了一些优秀的芍药新品种。因此，应该积极开发块根芍药，利用它培育早花、低矮、叶形秀丽的品种。

图 2-55　块根芍药花朵（段辽川 供图）　　图 2-56　块根芍药整株形态（花蕾期）　　图 2-57　块根芍药整株形态（开花期）（段辽川 供图）

图 2-58 块根芍药果荚和种子

图 2-59 块根芍药根系

图 2-60 块根芍药生境（朱建华 供图）

—▪ 第三节 ▪—
资源保护与开发利用

一、野生芍药濒危原因

目前共有 2 种芍药被列入《中国生物多样性红色名录——高等植物卷》（2013 年）中，美丽芍药为近危状态、块根芍药为易危状态。但从调查情况看，其他几个种的情况也不容乐观。我国野生芍药濒危的原因主要可以归纳为两点：自身因素、人为干扰和破坏。

（一）自身因素

白花芍药的濒危原因，可能主要是自身生物学特性造成的。分布于西藏波密的白花芍药，种群数量极其稀少，而且结实率极低。住在分布区的村民表示并未见到有人采挖白花芍药，因此排除了人为干扰的影响。白花芍药自身产生的花粉数量非常有限，而且当地传粉昆虫较少，这些都可能是造成白花芍药结实率低的原因。另外，白花芍药的成熟果荚开裂后，种子种脐部分依然与果荚相连，种子在果荚上存留很长一段时间，这也加剧了种子失水。芍药属植物存在严重的上胚轴休眠现象，正常情况下种子萌发需要半年时间，种子失水会加深其休眠，在落入土壤后一般 2～3 年才能萌发，而这段漫长的时间也会有很多风险导致其不能正常出苗，如小动物或地下害虫的觅食。西藏农牧科学院和东方园林河南洛阳的基地都进行过白花芍药的引种，西藏农牧科学院引种至该基地的白花芍药能够成活，但在引种第一年开花后再未开花，仅进行营养生长；河南洛阳的白花芍药在引种成活两年后逐渐凋亡，播种的种子都未萌发，说明白花芍药的生态适应性非常差，对环境的要求极其苛刻。关于白花芍药濒危的原因还需要进行更深入的研究，摸清其繁殖特性以及植株生长适宜的环境条件，积极开展该物种的保育工作。

（二）人为干扰和破坏

除自身因素外，人为干扰和破坏也是导致野生芍药濒危的一个重要原因。中国传统观念认为野生药材的药用价值更高，野生芍药的块根制备成中药，即"赤芍"和"白芍"，在市场上有很大的需求量。在利益驱使下，大量野生芍药被采挖。野生芍药在野外开花较早，且开花时较容易被发现，药农多在其开花期采挖植株，导致其无法完成生殖过程，这也加剧了野生资源的灭绝。药农无节制的采挖是导致美丽芍药、川赤芍和草芍药数量急剧减少的重要因素，所以应加强对芍药制品的监督和管制，禁止野生芍药制品在市场销售和流通。

二、野生芍药资源保护

在内蒙古乌拉盖、四川小金、西藏波密和吉隆，有部分野生芍药居群保存非常完好，这和当地村民禁止采挖的规定密不可分。在原生地建立保护区进行就地保护，是最有效的保护野生芍药的方式。

对于一些自然更新困难的居群，可以选择迁地保护。应尽量以种子引种繁殖为主，避免采挖现有资源；尽量选择历史上有野生芍药分布的地区，或尽量考虑与原产地气候条件较为接近的地区建立迁地保护区，在人为干预下扩大其种群。对现有野生资源应禁止任何名义的采挖。

三、野生芍药资源开发利用

中国自主培育的芍药品种，均起源于一个亲本，即分布于北方地区的芍药（*P. lactiflora*），其他野生种均未参与到品种培育中，因此，育种的空间非常广阔。

欧美在 19 世纪初开始利用中国的栽培芍药和野生芍药进行杂交育种，至今已经培育出了大量优良的新品种，美国芍药牡丹协会（APS）将这一类群的芍药称为杂种芍药（hybrid peony）。与传统中国芍药相比，杂种芍药花色丰富，有鲜红色、鲑鱼色、巧克力色等新花色，花型既有单瓣型，也有半重瓣和重瓣型，大部分品种都是单枝单花，且茎秆粗壮，非常适合作为切花使用；此外，杂种芍药品种间花期差异较大，群体花期可以达到 6 周以上，大大延长了芍药的观赏期（图 2-61）。

中国众多野生芍药资源里，不乏具有育种潜质的种类。如美丽芍药、新疆芍药、块根芍药和草芍药都为单花，可以利用这些野生种与栽培芍药杂交筛选出单枝单花品种，更适合作为切花应用。川赤芍分布范围广，环境适应能力强，叶形优美，是培育高抗性、新叶形品种的优良亲本。多花芍药植株高大，美国著名牡丹芍药育种家 Saunders 已经利用它和栽培芍药杂交，培育出高度达 1m 的芍药品种 'White Innocence'。因此，该种是培育高大型芍药的良好育种材料。美丽芍药、多花芍药、川赤芍、块根芍药和草芍药的花期都较早，有的甚至比常见的栽培品种早开一个月，因此它们是培育早花品种的优良亲本。可见，我国野生芍药资源具有极广阔的利用空间，未来一定可以培育出更多优质的、具有自主知识产权的新品种，让我国传统名花发扬光大。

图 2-61　新优杂种芍药育苗基地（日本新潟县）

—● 第四节 ●—
世界其他地区野生芍药资源

一、单花直根亚组（subsect. *Foliolatae*）

（一）马略卡芍药［*Paeonia cambessedesii* (Willk.) Willk.］

形态特征 花单生枝顶，茎秆多为紫红色。叶全缘，小叶多9枚，卵形、椭圆形或卵状披针形。花粉红色，花药黄色，柱头紫红色，心皮光滑无毛。花期10月至第二年4月，果期6～7月（图2-62）。

染色体数目 2n=10

分布和生境 分布在西班牙的巴利阿里群岛；生长在海拔低于1400m的灌丛或草地，钙质土壤。

（二）科西嘉芍药（*Paeonia corsica* Sieber ex Tausch）

形态特征 花单生枝顶，茎高35.0～80.0cm。叶全缘，小叶多9枚，卵形至椭圆形，叶片上表面多光滑，下表面多有毛。花玫红色，花瓣多7～8枚，心皮绿色、紫色或红色，多被毛。花期4月底至5月底，果期7～9月（图2-63）。

染色体数目 2n=10

分布与生境 主要生长在海拔400～1700m的橡树和松树林下或草地；分布在法国的科西嘉、意大利的撒丁岛和德国西南部。

图 2-62 马略卡芍药（*Paeonia cambessedesii*）
（图片来源：Heartland Peony Society）

图 2-63 科西嘉芍药（*Paeonia corsica*）
（图片来源：Heartland Peony Society）

（三）伊比利亚芍药（*Paeonia broteri* Boiss. & Reut.）

形态特征　花单生枝顶，茎秆光滑，茎高 30 ～ 80cm。叶片多裂，小叶 11 ～ 32 枚，多 15 ～ 21 枚，叶椭圆形或卵状披针形，叶片上下表面均光滑。花粉色至红色，花瓣 6 ～ 7 枚，心皮多 2 ～ 3 枚，被约 2mm 绒毛。花期 4 月至 6 月初，果期 8 ～ 9 月（图 2-64）。

染色体数目　2n=10

分布与生境　仅分布在伊比利亚半岛；主要生长在海拔 300 ～ 1830m 的灌丛、橡树或松树林下。

（四）克里特芍药（*Paeonia clusii* Stern）

形态特征　花单生枝顶，除心皮（偶尔叶片下表面），通体无毛。小叶多裂，线性至卵形。花白色，花瓣多 7 枚，花盘平坦。花期 3 ～ 5 月，果期 8 月（图 2-65）。

该种下有 2 个亚种：

1. 克里特芍药（原亚种）（subsp. *clusii*）

叶裂片可多达 95 枚，线性至披针形，叶宽度多低于 2.6cm；2n=10，20；分布在克里特和喀帕苏斯；多生长在海拔 200 ～ 1900m 干燥的石灰岩地区。

2. 罗得岛芍药［supsp. *rhodia* (stearn) Tzanoud.］

叶裂片最多 48 枚，披针形至卵形，宽 2.5 ～ 4.5cm；2n=10。仅分布在罗得岛；多生长在海拔 350 ～ 850m 的松树林下。

图 2-64　伊比利亚芍药（*Paeonia broteri*）
（图片来源：Lieratur über Päonien）

图 2-65　克里特芍药（*Paeonia clusii*）
（图片来源：Heartland Peony Society）

（五）达乌里芍药（*Paeonia daurica* Andrews）

形态特征　花单生枝顶。小叶多9枚，多全缘，偶然1～2枚有裂，叶圆形至长卵形，或卵状披针形。花多红色或玫红色，少黄色、淡黄色、白色或黄色，基部有红斑，花瓣5～8枚，心皮多2～3枚，多被毛（图2-66至图2-69）。

染色体数目　2n=10，20

该种下有7个亚种：

图 2-66　大叶芍药（*Paeonia daurica* subsp. *marcrophylla*）

（图片来源：Lieratur über Päonien）

图 2-67　黄花芍药（*Paeonia daurica* subsp. *mlokosevitschii*）

图 2-68　密毛芍药（*Paeonia daurica* subsp. *tomentosa*）

图 2-69　达乌里芍药（*Paeonia daurica* subsp. *daurica*）

种下分类检索表

1a. 花萼背面常有绒毛，叶片背面密被绒毛 ...... 克罗地亚芍药（subsp. *velebitensis* D.Y. Hong）

1b. 花萼无毛，叶片稀疏被毛或微柔毛，叶背偶见绒毛或无毛

  2a. 心皮光滑或近于光滑，花瓣黄色

    3a. 叶片密被绒毛，叶背灰 .... 大叶芍药 [subsp. *macrophylla* (Albov) D. Y. Hong]

    3b. 叶片零星被毛 .... 阿布哈兹芍药 [subsp. *wittmanniana* (Hartwiss ex Lindl.) D. Y. Hong]

  2b. 心皮被毛，花瓣红色、玫红色、白色或黄色

    3c. 叶下部被微柔毛或无毛，倒卵形，先端圆形或钝圆形，通常有微尖 ....

                       .... 黄花芍药 [subsp. *mlokosevitschii* (Lomakin) D. Y. Hong]

    3d. 叶下部被微毛或无毛，倒卵形、长圆形或宽椭圆形，先端圆形或渐尖

      4a. 花红色或玫红色，叶背无毛或被微柔毛

        5a. 小叶或裂片宽倒卵形，叶尖圆钝 ....

                   .... 达乌里芍药（原亚种）[subsp. *daurica* (Rupr.) D. Y. Hong]

        5b. 小叶或裂片倒卵形到长圆形，叶尖圆钝或急尖 ....

                             .... 高加索芍药（subsp. *coriifolia*）

      4b. 花瓣黄色、淡黄白色，有时在基本呈现红色或红色斑块，叶背被毛.....................

                     .... 密毛芍药 [subsp. *tomentosa* (Lomakin) D. Y. Hong]

分布与生境

（1）克罗地亚芍药（subsp. *velebitensis*）

仅分布在克罗地亚的 Velebit 山，生长在海拔 900 ～ 1150m 的落叶林下。

（2）大叶芍药（subsp. macrophylla）

分布在亚美尼亚、格鲁吉亚西南部和土耳其东北部；生长在海拔 800 ～ 2400m 的落叶林下或落叶常绿混交林下。

（3）阿布哈兹芍药（subsp. *wittmanniana*）

分布在格鲁吉亚西北部及其与俄国靠近的区域；生长在海拔 800 ～ 2300m 的落叶林或高山、亚高山草甸。

（4）黄花芍药（subsp. *moloksevitschii*）

仅分布在格鲁吉亚东部、阿塞拜疆西北部和俄罗斯的达吉斯坦，生长在海拔 960 ～ 1060m 的落叶林下。

（5）达乌里芍药（原亚种）（subsp. *daurica*）

分布在土耳其到克里米亚和克罗地亚；生长在海拔 350 ～ 1550m 的林下。

（6）高加索芍药（subsp. *coriifolia*）

仅分布在高加索的西部和西北部，生长在海拔低于 1100m 的落叶林下。

（7）密毛芍药（subep. *tomentosa*）

分布在从阿塞拜疆到伊朗东北部；生长在海拔 1170 ～ 2740m 的落叶林下。

（六）南欧芍药 [*Paeonia mascula* (L.) Mill]

形态特征 花单生枝顶，株高可达 80cm。小叶 11 ～ 15 枚，最多达 21 枚，小叶卵形、倒卵形、长圆形，叶部无毛，下部多数无毛。花部粉色、红色、白色或白色伴随周边或基部是粉色，心皮被毛（图 2-70 至图 2-72）。

生境 主要分布在海拔 300 ～ 2200m 的落叶林下。

图 2-70 南欧芍药（原亚种）（*Paeonia mascula* subsp. *mascula*）
（图片来源：Lieratur über Päonien）

图 2-71 恰纳卡莱芍药（*Paeonia mascula* subsp. *bodurii*）
（图片来源：Lieratur über Päonien）

图 2-72 爱琴海芍药（*Paeonia mascula* subsp. *hellenica*）
（图片来源：Heartland Peony Society）

亚种分类检索表

1a. 花红色或粉色。染色体数目：2n=20 ·····································
　　　南欧芍药（原亚种）（subsp. *mascula* Stearn & Davis）（整个分布区，除了爱琴海一些岛屿、土耳其的恰纳卡莱、意大利的西西里岛和卡拉布里亚）

1b. 花多数白色，稀红色或粉色

2a. 叶背多数有硬毛，极少数无毛 ·····································
　　　地中海芍药 [subsp. *russoi* (Biv.) Cullen & Heywood]（仅分布在意大利的西西里岛和卡拉布里亚）

2b. 叶背多数无毛，偶尔被微绒毛

3a. 叶裂 9 ～ 11 枚，裂片面积大 ·····································
　　　恰纳卡莱芍药（subsp. *bodurii* N. Özhatay in Özhatay & Özhatay）（仅分布在土耳其的恰纳卡莱）

3b. 叶裂 9 ～ 21 枚，裂片面积小 ·····································
　　　爱琴海芍药（subsp. *hellenica* Tzanoud.）（分布在德国南部和爱琴海岛屿）

（七）黎巴嫩芍药 [*Paeonia kesrouanensis* (Thiébaut) Thiébaut]

形态特征　单花生枝顶，茎高 35.0 ～ 80.0cm。小叶 10 ～ 14 枚，最多达 17 枚，叶上部无毛，下部密被短硬毛。花粉色或红色，花瓣 5 ～ 9 枚。花期 4 月底至 5 月底，果期 7 月底至 9 月（图 2-73）。

染色体数目　2n=20

分布与生境　分布在黎巴嫩、叙利亚西南部和土耳其南部，生长在海拔 1000 ～ 1800m 的栎树林下。

（八）革叶芍药（*Paeonia coriacea* Boiss）

形态特征　花单生枝顶，植株通体无毛，偶尔叶片和心皮被毛。小叶多 9 枚，卵圆形或宽卵形，无毛。花红色，心皮 1 ～ 4 枚，多 2 枚，无毛。花期 4 月底至 6 月初，果期 9 月（图 2-74）。

染色体数目　2n=20

分布与生境　分布在西班牙南部和摩洛哥；生长在海拔 600 ～ 2100m 的栎树林或雪松林下，基质为石灰岩。

（九）阿尔及利亚芍药（*Paeonia algeriensis* Chabert）

形态特征　花单生枝顶，茎高超过 50 cm，多数在 0.7 ～ 1.0m。叶全缘或仅少数叶片有裂，小叶数 10 ～ 13 枚，卵形或长圆形，顶端渐尖。花粉色或红色，心皮多单生，常光滑无毛。花期 5 月中至 6 月底。

染色体数目　染色条数未知。

图 2-73　黎巴嫩芍药（*Paeonia kesrouanensis*）
（图片来源：Heartland Peony Society）

图 2-74　革叶芍药（*Paeonia coriacea*）
（图片来源：Heartland Peony Society）

　　分布与生境　分布在非洲北部的阿尔及利亚的卡比利亚非常小的范围内；生长在海拔1100～2000m的常绿或常绿与落叶混交林下，基质为钙质土。

二、单花块根亚组（subsect. *Paeonia*）

（一）细叶芍药（*Paeonia tenuifolia* L.）

　　形态特征　主根细长，侧根纺锤形。株高18.0～60.0cm，下部叶三回三出复叶，狭叶裂片134～340枚，线形或丝状，光滑无毛。花红色，花瓣6～8枚，心皮1～3枚多2枚，常被毛，被毛绿色、黄色或紫红色。花期4月中至5月底，果期8～9月（图2-75）。

　　染色体数目　2n=10

　　分布与生境　分布在亚美尼亚、阿塞拜疆、保加利亚、格鲁吉亚、罗马尼亚、俄罗斯（高加索）、塞尔维亚、土耳其（欧洲部分）和乌克兰；生长在海拔低于900m的草原、草甸、开放沙丘、灌木丛。

（二）欧洲芍药（*Paeonia peregrina* Mill.）

　　形态特征　次生根梭形或块状，茎高30.0～70.0cm。小叶几乎全裂，裂片数17～45枚，叶片上表面叶脉常有刚毛，下表面无毛。花单生枝顶，花瓣红色或深红色，心皮1～4枚，被毛。花期5月底至6月，果期8月（图2-76）。

　　染色体数目　2n=20

　　分布与生境　分布在阿尔巴尼亚、保加利亚、希腊、意大利、马其顿、摩尔多瓦、罗马尼亚、塞尔维亚和土耳其；生长在海拔低于1500m的落叶林、松林或混交林，基质为钙质土。

图 2-75　细叶芍药（*Paeonia tenuifolia*）（李珊珊 供图）　　　图 2-76　欧洲芍药（*Paeonia peregrina*）

（三）刚毛芍药（*Paeonia saueri* D. Y. Hong, X. Q. Wang, & D. M. Zhang）

形态特征 次生根梭形或块状，茎高 45.0～65.0cm，通体无毛。小叶分裂，裂片数 19～45 枚，先端急尖。花单生枝顶，花瓣红色，倒卵形，心皮 1～6 枚，多 2～3 枚，被毛。花期 4～5 月。

染色体数目 2n=20

分布与生境 分布在希腊东北部和阿尔巴尼亚南部；生长在海拔 400～1220m 的落叶林下、林缘或空地。

（四）旋边芍药（*Paeonia arietina* G. Anderson）

形态特征 主根柱形，次生根为块状，茎高 30.0～70.0cm，常通体被毛。小叶多裂或浅裂，裂片 11～32 枚，多 13～23 枚，椭圆形、长圆形、卵状披针形。花单生枝顶，花红色或玫红色，花瓣数 6～9 枚，心皮 1～5 枚，多 2～3 枚，被黄绒毛。花期 5～6 月，果期 8～9 月（图 2-77）。

染色体数目 2n=20

分布与生境 生长在海拔 300～2100m 的开放橡树林或针叶林下；分布在阿尔巴尼亚、波斯尼亚 - 黑塞哥维那、克罗地亚、意大利（艾米利亚）、罗马尼亚和土耳其。

（五）黑瓣芍药 （*Paeonia parnassica* Tzanoud.）

形态特征 主根柱形，次生根块状或梭形，全株微被或密被绒毛。小叶多 9 枚，常 1 裂，裂片 9～15 枚，最多达 25 枚，卵圆形、长圆形或椭圆形，叶尖渐尖。花单生枝顶，花暗紫色，花瓣数 6～8 枚，心皮 1～3 枚，多 2 枚，被约 2mm 长绒毛。花期 5 月底至 6 月初（图 2-78）。

染色体数目 2n=20

分布与生境 分布在希腊帕纳塞斯；生长在海拔 1100～1500m 的冷杉林缘或开场区域。

图 2-77　旋边芍药（*Paeonia arietina*）
（图片来源：Lieratur über Päonien）

图 2-78　黑瓣芍药（*Paeonia parnassica*）
（图片来源：Heartland Peony Society）

（六）荷兰芍药（*Paeonia officinalis* L.）

形态特征 根块状，较短，茎秆多被毛。小叶9枚，常分裂类，裂片数11～130枚不等，线状椭圆形到椭圆形，先端渐尖。花单生枝顶，花紫红色，心皮被毛或无毛。有栽培品种（图2-79至图2-82）。

该种下有5个亚种：

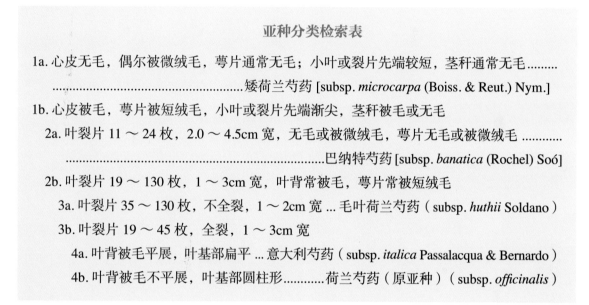

亚种分类检索表

1a. 心皮无毛，偶尔被微绒毛，萼片通常无毛；小叶或裂片先端较短，茎秆通常无毛.........
.....................................矮荷兰芍药 [subsp. *microcarpa* (Boiss. & Reut.) Nym.]
1b. 心皮被毛，萼片被短绒毛，小叶或裂片先端渐尖，茎秆被毛或无毛
  2a. 叶裂片11～24枚，2.0～4.5cm宽，无毛或被微绒毛，萼片无毛或被微绒毛 ....
.....................................巴纳特芍药 [subsp. *banatica* (Rochel) Soó]
  2b. 叶裂片19～130枚，1～3cm宽，叶背常被毛，萼片常被短绒毛
    3a. 叶裂片35～130枚，不全裂，1～2cm宽 ... 毛叶荷兰芍药（subsp. *huthii* Soldano）
    3b. 叶裂片19～45枚，全裂，1～3cm宽
      4a. 叶背被毛平展，叶基部扁平 ... 意大利芍药（subsp. *italica* Passalacqua & Bernardo）
      4b. 叶背被毛不平展，叶基部圆柱形............荷兰芍药（原亚种）（subsp. *officinalis*）

染色体数目 2n=20

分布与生境

（1）矮荷兰芍药（subsp. *microcarpa*）

分布在葡萄牙、西班牙、法国西南部；生长在海拔400～2050m的林地开阔空间或灌丛中。

（2）巴纳特芍药（subsp. *banatica*）

分布在巴尔干（波斯尼亚-黑塞哥维那、匈牙利南部、罗马尼亚西南部和塞尔维亚）；生长在海拔低于1000m的灌木丛或林地开阔地带的砂壤土上。

（3）毛叶荷兰芍药（subsp. *huthii*）

分布在意大利西北部、法国的东南部和南部；生长在海拔900～1700m的开敞林地、牧场或者稀树草地。

（4）意大利芍药（subsp. *italica*）

分布在意大利中部、克罗地亚和阿尔巴尼亚北部。

（5）荷兰芍药（subsp. *officinalis*）

分布在意大利北部、斯洛文尼亚和瑞士南部；生长在海拔500～2000m的松树或橡树林缘。

图 2-79　荷兰芍药（原亚种）
（*Paeonia officinalis* subsp. *officinalis*）
（图片来源：Lieratur über Päonien）

图 2-80　巴纳特芍药
（*Paeonia officinalis*. subsp. *banatica*）
（图片来源：Lieratur über Päonien）

图 2-81　毛叶荷兰芍药
（*Paeonia officinalis* subsp. *huthii*）
（图片来源：Lieratur über Päonien）

图 2-82　矮荷兰芍药
（*Paeonia officinalis* subsp. *microcarpa*）
（图片来源：Lieratur über Päonien）

第三章

观赏

芍药

的品种分类

在我国，芍药已有 4000 年左右的栽培历史，品种繁多，变异丰富。据不完全统计，我国已拥有栽培芍药品种 500 多个。根据 DNA 分子证据，我国传统栽培的品种，均起源于一个野生种，即芍药（*P. lactiflora*）。我国原产的其他野生芍药资源均未参与品种的形成。

在欧洲和北美的育种家，则充分利用了当地原产的野生资源，如荷兰芍药（*P. officinalis* subsp. *officinalis*）、大叶芍药（*Paeonia daurica* subsp. *marcrophylla*）、欧洲芍药（*P. peregrina*）和高加索芍药（*Paeonia daurica* subsp. *coriifolia*）等，并与来自中国的芍药品种进行杂交，培育出了大量新奇特的品种。根据美国芍药牡丹协会（American Peony Society，APS）资料显示，目前已登录的芍药属品种多达 6000 余个，在花色、花型、叶型、花期等方面的变异极其丰富，为城市园林景观和切花市场提供了优质的材料。

由于观赏芍药的品种众多，为了应用和研究的方便，人们根据品种群、花型、花期、花色等特征，建立了不同的分类体系。

— 第一节 —
按品种群分类

根据品种的亲本来源（野生种源）不同，国际上通常将观赏芍药划分为三个类群，即中国芍药品种群（Lactiflora Group，LG）、杂种芍药品种群（Hybrid Group，HG）和伊藤芍药品种群（Itoh Group，IG）。

另外，还有一类起源于荷兰芍药（*P. officinalis* subsp. *officinalis*）的品种群，即荷兰芍药品种群（Officinalis Group，OG），曾经在欧洲较为流行，也被称为"欧洲芍药品种群"。但因为该品种群下的品种较少，近年来已很少被提及。

一、中国芍药品种群（Lactiflora Group，LG）

中国芍药品种群的品种，其亲木均来自于一个野生种，即芍药（*P. lactiflora*）。我国培育的芍药品种均属于该类群。该品种群的品种，一般多具有侧蕾（图 3-1），花期集中在 5～6 月，花色以紫色、粉色、白色居多。全部为二倍体。代表品种有：'杨妃出浴'、'种生粉'、'晴雯'、'粉玉奴'、'凤羽落金池'、'大红袍'、'莲台'、'高杆红'、'桃花飞雪'等（图 3-2）。

当然，中国芍药品种群的品种，并不都是在中国培育的。早在 19 世纪初（1805 年），也就是清嘉庆十年，约瑟夫·班克斯（Sir Joseph Banks），这位世界著名植物猎人、大不列颠皇家植物园邱园的创始人，第一次从中国带走了品种名为'芳香'（'Fragrans'）的重瓣芍药；其后，重瓣品种'慧氏'（'Whitleyi'）、'福美'（'Humei'）和半重瓣品种'波特西'（'Pottsii'）相继被引入英国（图 3-3）。育种家们利用这些资源，培育出一大批优秀的品种，如'查理白'（'Charlie's White'）、'朱尔斯·埃利先生'（'Mons. Jules Elie'）、'内穆尔公爵夫人'（'Duchesse

图 3-1　中国芍药品种的侧蕾特征

图 3-2　中国芍药代表品种（A.'杨妃出浴'；B.'粉玉奴'；C.'种生粉'）

图 3-3　19 世纪初第一批引种到欧洲的中国芍药品种（A.'Fragrans'；B.'Whitleyi'；C.'Humei'）

de Nemours'）、'莎拉·伯恩哈特'（'Sarah Bernhardt'）、'冰沙'（'Sorbet'）、'塔夫'
（'Taff'）、'堪萨斯'（'Kansas'）、'卡尔·罗森菲尔德'（'Karl Rosenfield'）、'奶油碗'
（'Bowl of Cream'）、'粉红宝石'（'Pink Cameo'）等，都成为国际市场非常流行的切花品
种，很多也是重要的育种亲本。

二、杂种芍药品种群（Hybrid Group，HG）

杂种芍药品种群，是指由两种以上芍药野生种（或野生种下的品种）参与杂交而形成的品
种系列。由于亲本来源复杂，属于远缘杂交，因而形成的品种变异更加丰富。该品种群的品种，
基本为单茎单花，即无侧蕾（图 3-4）；花期早，集中在 4 月中旬至 5 月下旬；花茎粗壮，高大；
花色饱和度高，更艳丽；花型的重瓣度不高，以单瓣或半重瓣为主（图 3-5）。

杂种芍药品种的培育，最早始于欧洲，是在中国芍药品种的基础上形成的。19 世纪初，随
着约瑟夫·班克斯等人将中国芍药品种引入英国，育种家们开始将之与一些欧洲原产的野生种
进行杂交尝试，于是不同"血缘"的芍药开始在欧洲大陆上碰撞融合，杂种芍药品种慢慢登上
了历史舞台，并在北美迅速发展壮大。200 年弹指一挥间，现今的杂种芍药品种群，已成为与
中国芍药品种群并驾齐驱的耀眼新星，截至 2019 年 9 月，美国芍药牡丹协会共登录了 981 个
杂种芍药品种。

1863 年，英国 Kelway 芍药苗圃培育出第一个杂种芍药新品种。此后，又有大量的育种家
参与到杂种芍药新品种的培育中。其中，美国桑德斯教授的成果最为显著。他培育了大量杂种
芍药新品种，有 180 多个，形成了著名的 Saunders 杂种芍药系列。

参与该品种群形成的主要原始种有：荷兰芍药（*P. officinalis* subsp. *officinalis*）、细叶芍药

图 3-4　杂种芍药品种单茎单花特征

（*P. tenuifolia*）、欧洲芍药（*P. peregrina*），因此又可根据亲本不同，分为：

（1）细叶芍药品种群（Fern Leaf Peony Hybrids）

由细叶芍药（*P. tenuifolia*）与芍药（*P. lactiflora*）杂交而成。细叶芍药因其充满活力的红色单花、类似蕨类的叶片以及植株低矮且花期极早而闻名。细叶芍药原产于欧洲东南部，生长在干燥的岩石沙质土壤中，非常适合栽植在岩生花园内。其杂种后代的小叶数量不如细叶芍药多，但是仍然携带了一些细叶的特征。如'Early Scout'、'Merry Mayshine'、'Little Red Gem'和'Smouthii'等品种，这些品种花期更早，比它们的表亲中国芍药品种叶裂更多，要更矮（图3-6）。

（2）珊瑚芍药品种群（Coral Peony Hybrids）

由欧洲芍药（*P. peregrina*）与芍药（*P. lactiflora*）杂交而成。这个杂交组合产生了传统芍药品

图3-5　杂种芍药品种群代表品种

图3-6　细叶芍药品种群代表品种（A.'Early Scout'；B.'Little Red Gem'）（A 图片来源：APS）

种不常见的独特颜色，珊瑚色（或称鲑鱼色）。珊瑚芍药品种独有的特征是，茎秆粗壮，单茎单花，这使得他们成为了优良的切花品种。同时由于他们在花园中生长直立，不发生倾斜，亦使它们成为西方庭院的主角之一。如'Lovely Rose'、'Coral Sunset'、'Pink Hawaiian Coral'（图3-7）。

珊瑚芍药品种的花色会随着它们自身的开放而逐渐变色。例如，图3-8 'Coral Sunset'（'珊瑚落日'），花朵初开为深珊瑚色，随着开放变为奶油色。这种色彩变化非常有趣和独特。

图 3-7　珊瑚芍药品种群代表品种（A.'Lovely Rose'；B.'Coral Sunset'；C.'Pink Hawaiian Coral'）

（3）纯红芍药品种群（True Red Peony Hybrids）

由荷兰芍药（*P. officinalis* subsp. *officinalis*）与芍药（*P. lactiflora*）杂交而成。纯红色在芍药中很难获得，因而尤为珍贵。这些品种的花型往往比较简单，多为单瓣型。黄色的花心与鲜红的花瓣形成鲜明的对比。而且它们茎秆直立，花期极早，非常适合装饰早春的花园（图3-9）。

图 3-8　'Coral Sunset'花朵开放变色现象

三、伊藤芍药品种群（Itoh Group，IG）

伊藤芍药品种群，是由芍药组（Sect. *Paeonia*）与牡丹组（Sect. *Moutan*）的品种通过组间远缘杂交形成的。因为杂交跨越了亲缘关系较远的两个组，故又被称为"组间杂交品种群（Intersectional Peony Group）"。这些品种兼具了牡丹与芍药的优点，被形象地比喻为牡丹的花开在了芍药的植株上。其植株形态优美，株型紧凑，茎秆粗壮挺拔；花头直立，花色变异广泛，很多品种具有芍药花中罕见的黄色，极为珍贵。伊藤品种的花期介于牡丹与芍药之间，且开花持久，有效地延长了芍药整体观赏期。而且抗寒、抗病、耐寒性都较强，一经推出就备受追捧，被认为是芍药属的未来。代表品种：'和谐'、'京桂美'、'京华高静'、'京华旭日'、'京华朝霞'、'金阁迎夏'、'橙色年华'、'黄蝶'、'黄焰'、'Border Charm'、'Love Affair'、'Sonoma Halo'、'Going Bananas'、'Prairle Charm'、'Lemon Dream'、'Old Rose Dandy'等（图3-10）。

图 3-9　纯红芍药品种群代表品种（A. 'Brightness'；B. 'Scarlet O' Hara'；C. 'Many Happy Returns'）

图 3-10　伊藤芍药品种群代表品种（A. 'Old Rose Dandy'；B. 'Lemon Dream'；C. 'Going Banana'）

—◆ 第二节 ◆—
按花型分类

一、中国芍药品种花型分类

　　宋代刘颁的《芍药谱》（1073 年），是我国历史上最早的一部芍药专著，记载扬州芍药 31 种，评为七等，每品对花之形、色进行了描述。同时代的王观，在江都县任职时，也著了一部《扬州芍药谱》（1075 年），记载品种与刘颁一致，并新添 8 个品种，该谱将芍药分为冠子、髻子、缬子、楼子、丝头、单叶、多叶、鞍子 8 个花型，各品种的特点较刘谱记载更为详细，是我国历史上最早记载芍药花型分类的书籍。1962 年，我国牡丹芍药专家周家琪先生提出了牡丹、芍药品种花型分类方案，为现代牡丹、芍药花型分类奠定了基础。之后，有许多人提出了不同的分类方案，各具特点，其中以 1990 年秦魁杰、李嘉珏分类方案比较流行，之后在此基础上，秦魁杰先生在 2004 年《芍药》一书中对之前的分类方案进行了修改和补充。目前芍药花型按演化程度可以分为 2 类 4 亚类 13 型，既涵盖简单的单瓣、半重瓣及重瓣花类型，也包含大量由多花叠合成的台阁花等复杂花型。花型分类方案具体如下（图 3-11，图 3-12）：

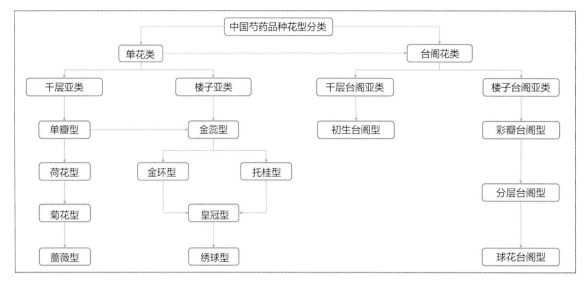

图 3-11　中国芍药品种花型分类

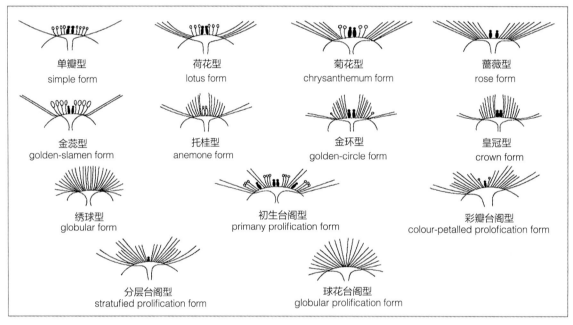

图 3-12　中国芍药品种花型结构示意图

（一）单花类

1. 千层亚类

（1）单瓣型

花瓣阔大，具 2～3 轮花瓣，雌雄蕊发育正常。如'粉绒莲'、'粉玉奴'（图 3-13A）、'白玉盘'等。

（2）荷花型

花瓣阔大，具 4～5 轮花瓣，几轮花瓣间形状相近，雌雄蕊均发育正常。如'银荷'、'小桃红'、'Coral Sunset'（图 3-13B）等。

（3）菊花型

花瓣在 6 轮以上，花瓣由外向内逐渐变小，雄蕊数量减少，部分雄蕊瓣化成花瓣，其余雄蕊正常，雌蕊正常。如'迷你'、'永生红'、'Miss America'（图 3-13C）等。

（4）蔷薇型

花瓣数量极度增加，花瓣由外向内逐渐变小，雄蕊全部消失，或在花心有若干小型雄蕊，雄蕊正常或退化。如'冠群芳'、'典雅'、'Taff'（图 3-13D）等。

2. 楼子亚类

（1）金蕊型

外瓣阔大，2～3 轮，雄蕊花丝、花药增粗变大，金黄色的雄蕊群呈现为半球形，雌蕊发育正常。如'玫红金蕊'（图 3-13E）、'银台金蕊'等。

（2）托桂型

外瓣 2～3 轮，雄蕊变成狭长的花瓣，雄蕊瓣化瓣群体整齐隆起，雌蕊多正常。如'美菊'、'蝴蝶戏金花'、'紫凤羽'（图 3-13F）等。

图 3-13　单花类花型代表品种

（A. 单瓣型—'粉玉奴'；B. 荷花型—'Coral Sunset'；C. 菊花型—'Miss America'；D. 蔷薇型—'Taff'；E. 金蕊型—'玫红金蕊'；F. 托桂型—'紫凤羽'；G. 金环型—'粉楼系金'；H. 皇冠型—'桃花飞雪'；I. 绣球型—'Mons. Jules Elie'）

（3）金环型

外瓣宽大，雄蕊变成狭长的内瓣，内外瓣之间残存一圈正常的雄蕊，雌蕊正常或者瓣化。如'苍龙'、'粉楼系金'（图3-13G）等。

（4）皇冠型

外瓣宽大平整，雄蕊几乎完全瓣化，圆整高耸，雄蕊变瓣间常有正常的雄蕊或者演变中的雄蕊，雌蕊正常或瓣化。如'桃花飞雪'（图3-13H）、'银线绣红袍'、'Command Performance'等。

（5）绣球型

雄蕊全部瓣化，完全形成花瓣，难以区分内外瓣，全花犹如绣球状。常见品种有'白手球'、'藤牡丹'、'Mons. Jules Elie'（图3-13I）等。

（二）台阁花类

1. 千层台阁亚类

初生台阁型

下方花是以花瓣增多为主的千层类花型，而且上方花结构常较下方花演化程度低。常见品种有'晴雯'（图3-14A）、'紫绒浮金'等。

图3-14　台阁类花型代表品种
（A.初生台阁型—'晴雯'；B.彩瓣台阁型—'大富贵'；C.分层台阁型—'紫雁飞霜'；D.球花台阁型—'紫绣球'）

2. 楼子台阁亚类

（1）彩瓣台阁型

下方花雄蕊基本瓣化，雌蕊瓣化成其他彩色，瓣化花瓣比正常花瓣质地较硬，且颜色较深。如'大富贵'（图 3-14B）、'黄金轮'、'Sarah Bernhardt'等。

（2）分层台阁型

下方花雄蕊瓣化花瓣在颜色、形态上与花瓣没有明显的差异，在大小上比正常花瓣稍小，上方花外轮花瓣阔大，雄蕊瓣化瓣比正常花瓣短小，整朵花具有明显的分层结构。如'紫雁飞霜'（图 3-14C）、'大红袍'等。

（3）球花台阁型

下方花的雄蕊瓣化花瓣充分伸展，变得与正常花瓣没有区别，全花呈现出绣球状。如'紫绣球'（图 3-14D）等。

二、国外芍药花型分类

国外芍药的花型分类比较简单，以方便生产者和消费者掌握。美国芍药牡丹协会（American Peony Society）将芍药花型分为单瓣型（Single）、半重瓣型（Semi-double）、日本型（Japanese）、绣球型（Bomb）、重瓣型（Double）五种（图 3-15，图 3-16）。

（一）单瓣型

外瓣宽大，1～2轮，雌雄蕊发育正常。如'Roselette'（图 3-16A）、'Scarlet O'Hara'、'Cream Delight'等。

（二）半重瓣型

外瓣宽大，1至多轮，雄蕊变异成瓣，瓣化雄蕊中常混生有正常雄蕊。如'Coral Sunset'、'Cytherea'、'Pink Hawaiian Coral'（图 3-16B）等。

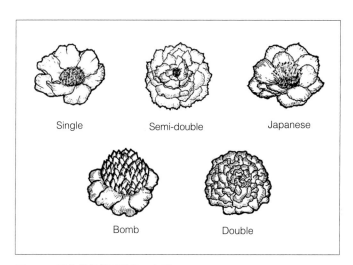

图 3-15　国外芍药花型分类示意图

（三）日本型

外瓣宽大，1～2轮，雄蕊花丝伸长，花药增大呈羽状。如'紫凤羽'、'巧玲'（图 3-16C）等。

（四）绣球型

外瓣宽大，1～2轮，雄蕊变异成瓣，密集着生成球状，瓣化瓣宽大但易与外瓣区分。如 'Red Charm'、'Edulis Superba'（图3-16D）、'Mons. Jules Elie'等。

（五）重瓣型

外瓣宽大，1至多轮，雌雄蕊瓣化，中央宽大的瓣化瓣与外瓣难以区分。如 'Kansas'、'Sarah Berhardt'（图3-16E）、'Karl Rosenfield'等。

图3-16　国外芍药花型分类代表品种
（A. 单瓣型—'Roselette'；B. 半重瓣型—'Pink Hawaiian Coral'；C. 日本型—'巧玲'；D. 绣球型—'Edulis Superba'；E. 重瓣型—'Sarah Bernhardt'）

第三节
按花期分类

花期是观赏植物的一个重要特征，决定了该植物的最佳观赏时段。根据花期对芍药品种进行分类，在园林应用、切花生产、花期调控和杂交育种等方面，都具有十分重要的意义。如专类园通过配植不同花期的芍药品种，可以适当延长园区整体的观赏时期；切花生产者种植不同花期的芍药品种，可延长市场供货期；在应用花期调控技术改变供货时间时，也需要根据植物的自然花期制定相应的技术方案；在杂交育种时，需要根据不同品种的花期制定科学的杂交计划，来有效获得理想的品种。

近年来，随着花卉行业国际交流的日益频繁，越来越多的国外芍药品种被我们所熟知。北京林业大学于晓南教授课题组从2009年开始先后从美国、荷兰、日本等地引进60多个芍药品种，涵盖了三大品种群。经过多年引种驯化，大部分在北京地区生长良好，其中许多杂种芍药品种群的品种，可以在4月底甚至4月中旬开花，大幅扩展了芍药在北京地区的花期时长。

因此，根据最新的研究成果，芍药的花期可以划分为极早花、早花、中花、晚花和极晚花五类（图3-17）。以北京地区为例，芍药花期可以从4月上中旬持续到6月上中旬左右。4月20日前，为极早花品种（如‘Little Red Gem’、‘Early Escort’等），该类品种目前均为杂种芍药品种；4月21日至5月5日为早花品种（如‘Roselette’、‘Coral Sunset’、‘Buckeye Belle’、‘May Liiac’等），该类品种中基本为杂种芍药品种；5月6～20日为中花品种（如‘粉玉奴’、‘大富贵’、‘Red Charm’、‘Etched Salmon’、‘Monsieur Jules Elie’、‘Duchess de Nemours’、‘Command Performance’、‘黄金轮’、‘Karl Rosenfield’、‘Henry Bockstore’等）；5月21～31日为晚花品种（如‘Lemon Dream’、‘Old Rose Dandy’、‘五花龙玉’、‘杨妃出浴’、‘晴雯’等）；6月1日后为极晚花品种（如‘Taff’等）。当然，每个品种具体的开花日期还需要根据所处地理位置和当地每年的物候条件进行推算。

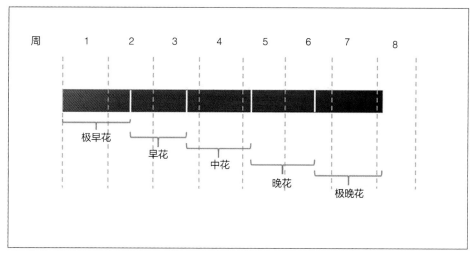

图3-17 芍药品种花期分类示意图（4月15日至6月15日）

—•— 第四节 —•—
按花色分类

　　芍药花色丰富，用花色进行品种分类，普及性高，更有利于宣传和推广。许多芍药品种本身就是以花色命名，如中国芍药品种'粉玉奴'、'朱砂判'、'白玉盘'、'种生粉'等；国外的杂种芍药品种有'Red Charm'（'红色魅力'）、'Coral Sunset'（'珊瑚落日'）、'Scarlet O'Hara'（'鲜红哈拉'）、'Pink Cameo'（'粉红宝石'）等。

　　宋代周师厚在《洛阳花木记》里将芍药品种的花型与花色结合，描述了千叶黄花、千叶红花、千叶紫花、千叶白花、千叶桃花五类。到现代，芍药品种繁多，尤其是在杂种芍药品种群中，产生了很多具有新奇花色的品种，花色更加丰富，过渡现象明显。目前，根据花色可将芍药品种分为白色系、黄色系、粉色系、红色系、紫色系、墨色系、绿色系、橙色系、复色系九大色系（图3-18），代表品种见图3-19。

　　白色系、粉色系、红色系、紫色系芍药品种为传统色系品种，所占比例在95%以上。黄色系和墨色系品种皆为上品，如'黄金轮'、'Going Banana'、'黑海波涛'等。绿色系、橙色系品种因比较罕见而受到很多人的追捧，如'绿宝石'、'Old Rose Dandy'等。复色系指一朵花上的花瓣有两种或更多颜色，易引人注目，我国传统芍药品种就有一些复色系，如'绚丽多彩'、'朱砂点玉'、'五花龙玉'等。

　　白色系：'杨妃出浴'、'白玉盘'、'银荷'、'Duchess de Nemours'、'Charlie's White'等。

　　黄色系：'黄金轮'、'Lemon Chiffon'、'Going Banana'、'Roy Pehrson's Best Yellow'、'Lemon Dream'、'Border Charm'等。

　　粉色系：'种生粉'、'粉玉奴'、'桃花飞雪'、'Pink Cameo'、'Etched Salmon'、'Sarah Bernhardt'、'Joker'等。

白　　　黄　　粉　　　红　　　紫　　　墨　　　绿　　　橙　　　复

图 3-18　芍药品种九大色系示意图

红色系：'火焰'、'红莲托金'、'Carina'、'Scarlet O' Hara'、'Red Charm'、'Command Performance'、'Fairy Princess'等。

紫色系：'紫凤朝阳'、'紫凤羽'、'May Liiac'等。

墨色系：'黑海波涛'、'Old Faithful'、'Buckeye Belle'、'John Harvard'等。

绿色系：'绿宝石'等。

橙色系：'橙色年华'、'Old Rose Dandy'等。

复色系：'绚丽多彩'、'朱砂点玉'、'五花龙玉'、'Athena'、'Sorbet'等。

图 3-19　芍药各花色代表品种

（A. 'Charlie's White'；B. 'Lemon Dream'；C. 'Joker'；D. 'Fairy Princess'；E. 'May Lilac'；F. 'John Harvard'；G. '绿宝石'；H. 'Old Rose Dandy'；I. 'Athena'）

第四章

观赏

芍药

的生长发育

━━■ 第一节 ■━━
形态特征

芍药完整植株形态结构，包括地上和地下两部分（图4-1）。地上部分由茎、茎节上的叶、茎顶部的花组成。茎基部为圆柱形，有紫红色晕，上部多具棱。地下部分由根茎、生于根茎上的根茎芽、根（肉质根、须根）三部分组成。

根茎，为芍药茎膨大短缩的变态结构，形似块根，合轴分枝，黄褐色或灰紫色。其上有节，节上生芽，为根茎芽。多年生植株肥大的肉质根由根茎上的不定须根发育而来，呈灰白色或黄褐色或灰紫色（图4-2）。

芍药的叶为异型叶，茎基部为二回三出羽状复叶，由下往上，叶结构逐步简化，茎上部为三出复叶或单叶（图4-3）。叶缘具密生白色骨质细齿（这是芍药 *P. lactiflora* 这个种的重要识别特征）。叶色正面为黄绿色或深绿色，叶背为灰绿色。

叶腋着生腋芽，受顶端优势作用明显，仅顶芽下部几个腋芽能发育成侧枝，形成一茎多花；或腋芽都不发育，从而形成一茎一花（图4-4）。

芍药的果实为蓇葖果（图4-5A），单心皮离生，纺锤形或椭圆形。种子卵圆形，籽粒大，黑色有光泽（图4-5B）。

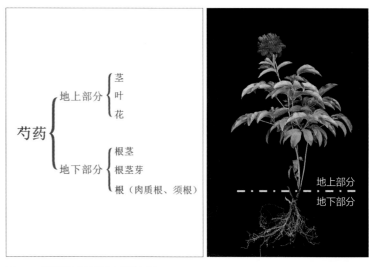

图4-1　芍药形态结构组成示意图

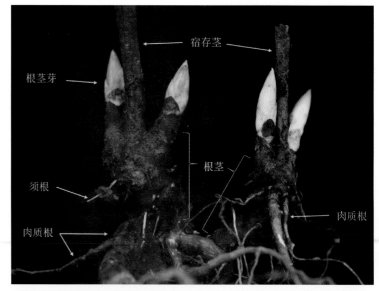

图4-2　芍药根茎、根茎芽及肉质根

图4-3　芍药叶型从下向上逐渐简化

图 4-4 芍药分枝特性（A. 一茎多花；B. 一茎一花）

图 4-5 芍药蓇葖果（A）和种子（B）

—— 第二节 ——
生长发育特性

作为典型的温带植物，芍药生态适应范围十分广泛，栽培地域横跨中亚热带、北亚热带、中温带，部分种甚至于寒温带也能露地越冬。生长环境主要受限于光照、温度、水分、土壤等环境因子的影响。

一、生态习性

（一）光照

芍药喜光稍耐半阴。充足的光照，有利于形成花大色艳的效果。花后宜适当遮阴，可增湿、降温、防止叶片灼伤，并可延长绿色期。芍药在秋冬季节短日照条件下进行花芽分化，春季在长日照下开花，生长期若遮阴过度，则会引起徒长、长势衰微，花少、花小且色泽黯淡，甚者不能开花。

（二）温度

芍药对温度的适应性较广泛，从中亚热带至寒温带均有栽培。耐寒性极强，某些种或品种在我国黑龙江北部极端低温 −46.5℃的条件下，能够露地过冬。也有一定的耐热能力，某些品种在安徽亳州市夏季极端温度达到 42.1℃的条件下能安全越夏，生长正常。芍药开花质量的好坏与根茎芽发育质量密切相关，而温度影响根茎芽生长发育的全过程。一般夏末秋初，气温下降，芍药根茎芽顶端分生组织由营养生长进入生殖生长，开始进行花芽分化。春季需要在较高温度才能萌动生长，完成花芽分化过程，进而开花。

（三）水分

芍药为肉质根，不耐水涝，积水 6 ～ 10h 就会引起烂根。因此，芍药适宜栽在地势高敞、较为干燥的环境中。比较耐干旱，不需经常灌溉，多数品种在土壤含水量 30% 时也能正常生长。

（四）土壤

芍药是深根性植物，适宜生长在土层深厚的土壤中；根为粗状的肉质根，喜排水良好、疏松肥沃的砂质壤土，pH 宜中性或微酸性。个别品种也具有一定的耐盐碱能力，如'大富贵'，在土壤含盐量 200mmol/L 条件下短期生存未见明显异常。长期连作不利于芍药生长，在大面积产区宜与菊花及豆科植物等进行轮作。

二、生长发育

芍药为多年生宿根草本植物，从种子中胚的形成开始了它的生命周期。从种子萌发到开花前为幼年期，成年植株开花二三十年后进入衰老期，直至衰老死亡。

（一）芍药发育的年周期

一年之中，芍药的生长发育受季节性气候节律性变化的影响，称之为芍药的物候期（图4-6）。以北京地区为例，芍药地下休眠芽在 3 月下旬至 4 月上旬萌发，芽为紫红色或黄绿色，具有一定观赏价值。经过 4 ～ 8 天左右的抽茎生长，进入展叶期。在 4 月 15 ～ 25 日茎的顶端出现花蕾，花蕾不断发育，在 5 月上中旬开花，5 月底或 6 月初花期结束。单花开放时间只有 1 周左右，群体花期约有 25 天。种子在 8 月成熟。

花谢后，根茎部位的根茎芽快速发育和生长。9 月底 10 月初，随着根茎芽花原基的形成，芍药进入生殖发育期。10 月底到 11 月初地上部分枯死，地下根茎芽继续分化发育，11 月底，土壤封冻，芍药根茎芽进入长达 4 个月左右的休眠期，至第二年的 3 月下旬至 4 月上旬萌芽。至此，一个年周期结束，进入下一个年生长周期。

图 4-6 芍药生长发育的物候期（年周期）
（A. 萌动期；B. 抽茎期；C. 展叶期；D. 现蕾期；E. 紧实期；F. 透色期；G. 松动期；H. 花期；I. 花后期）

（二）芍药根茎芽的结构和生命周期

根茎芽的发生和发育是芍药植株更新的基础，是观赏效果和经济价值得以实现的保障。根茎芽由顶端分生组织形成的顶芽与侧生分生组织形成的侧芽组成（芍药的真正顶芽只有一个，就是种子胚芽萌发后形成的实生苗的顶芽，多年生芍药根茎芽均来自于鳞片腋内的腋芽）。

顶芽包括叶、叶腋内的腋芽及顶端分生组织。

侧芽着生于芽的鳞片腋内，按芽有无鳞片着生可分为裸芽（无鳞侧芽）和鳞芽（有鳞侧芽）（图 4-7）。二者除有无鳞片外，结构组成基本一致，包括叶（或鳞片）、腋芽（长于叶片或鳞片腋内）及由侧生分生组织形成的顶芽。侧芽及顶芽叶腋内的腋芽作为子代芽，其发育严格受控于顶端优势作用。

春季萌发，由顶芽的侧生分生组织形成的侧芽随根茎芽节间伸长而露出地面，顶部 1 至多个侧芽形成主干上的侧生花枝，而基部侧芽则处于休眠状态，随秋季茎枝生命周期结束而枯萎。鳞片腋部的无鳞侧芽和部分有鳞侧芽随顶芽萌发出土，形成主干基部侧枝或枯萎，其余有鳞侧芽则宿存于根茎上，仅其上部 1 至多个子代有鳞侧芽发育优势明显，形成下一代具有自然更新能力的根茎芽，其下部受抑制的有鳞侧芽则长期处于休眠状态（图 4-8）。因而，无鳞侧芽、部分有鳞侧芽及顶芽叶腋内的腋芽的生命周期是 2 年，根茎上方能发育成具有自然更新能力的根茎芽的有鳞侧芽生命周期为 3 年，而其余受顶端优势抑制休眠的根茎芽（有鳞侧芽）生命周期与根茎的生命周期相同。

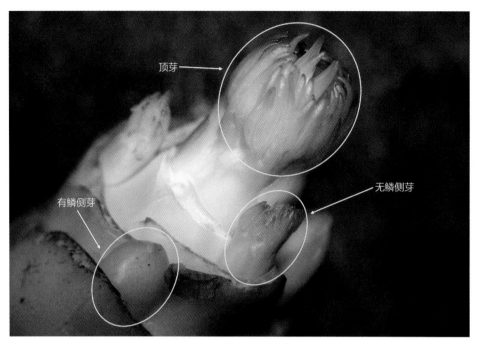

图 4-7　芍药根茎芽内部结构

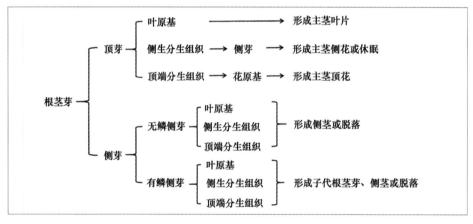

图 4-8　芍药根茎芽的结构及其发育特点

（三）芍药花芽分化

芍药花芽分化指处于生殖发育期的根茎芽的顶端分生组织发育状态。在一年当中，芍药会随着气候节律的变化，而产生生长期和休眠期的交替变化。芍药花后，随着顶端优势解除，根茎芽进入快速生长发育时期，芽体长度和直径明显增长。秋季较低的温度下完成成花转变并继续进行花原基分化，至冬季土壤封冻，发育基本停滞，经过 4 个月左右的低温解除休眠后至翌年随着气温的升高而萌动生长，完成最终的分化过程。

不同单花品种花芽分化进程基本相同，依次包括苞片原基→萼片原基→花瓣原基→雄蕊原基→雌蕊原基的分化。苞片原基、萼片原基、花瓣原基依次呈向心式发育，雄蕊原基则呈离心式发育。一般苞片、萼片均分化 1 轮；雌蕊多 1 轮，少数 2 轮，而花瓣和雄蕊数量品种间变异较大。长期的栽培演化，大量品种存在不同程度的雌雄蕊瓣化现象，雄蕊原基的瓣化开始于雄蕊原基伸长之后，圆柱形的雄蕊原基上部瓣化，再伸展形成花瓣；雌蕊原基的瓣化，先是沿腹缝线开裂，再经扩展形成花瓣。由雌雄蕊瓣化形成的花瓣，叫作有性花瓣，视瓣化程度而形态差异较大，其余花瓣则称之为无性花瓣，多呈圆形、椭圆形，瓣形较大。

多花叠合而成的台阁花花芽分化，分为下方花和上方花两个先后的分化过程。每朵花的分化顺序与单花的分化顺序相同。

千层类品种花芽分化特点突出表现在：花瓣原基由外向内层层增加，雄蕊原基分化较少，后期有少量瓣化。随着花瓣的增多，由单瓣型演化产生荷花型、菊花型和蔷薇型。而楼子类品种的花芽分化特点突出表现在：外层花瓣原基层数少而稳定，雄蕊原基不断增加，并从花托中部向四周离心式分化出不同程度的瓣化雄蕊。随着雄蕊离心瓣化发育，形成金蕊型、金环型、托桂型、皇冠型和绣球型。台阁花型每朵花的雌蕊、雄蕊瓣化过程与单花相似，瓣化程度品种间差异较大。

芍药花芽分化过程观察方法主要有：石蜡切片法（图 4-9，图 4-10）、冰冻切片法、扫描电镜法、体式显微法（图 4-11）等。

图 4-9　石蜡切片制作流程

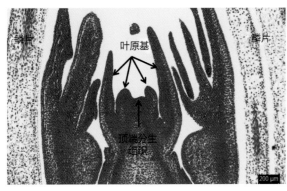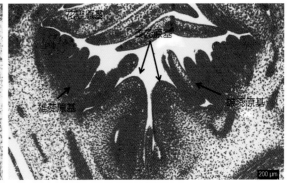

图 4-10　花芽分化过程石蜡切片法

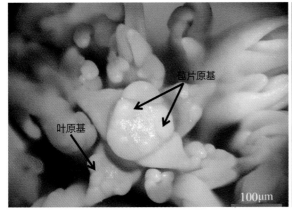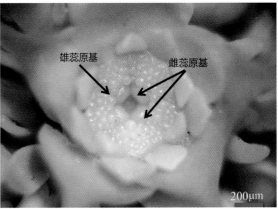

图 4-11　花芽分化过程体式显微观察法

　　对于一茎多花的品种而言，芍药侧芽的花芽分化和侧蕾开放过程同样受顶端优势的影响，顶花开放后侧蕾依次开放（图 4-12），因而植株群体花期较长，整体观赏效果佳。

图 4-12　芍药植株群体开花过程 (A. 花蕾松动期；B. 松瓣期；C. 初开期；D. 盛花期)

第五章

观赏

芍药

的繁殖与栽培

第一节
繁殖技术

目前，芍药主要通过分株、播种进行繁殖，也可采用扦插、压条和嫁接等方法繁殖。其中，分株繁殖简单易行，应用最为广泛；播种法只在培育芍药新品种、生产嫁接用砧木、野生资源引种驯化时使用。另外，组织培养也有望成为一种新式的高效繁殖手段。

一、分株繁殖

分株繁殖是芍药最传统、最常用的繁殖方法。该方法简便易行，分株后植株不仅生长迅速，整体得到复壮，而且能够保持原有品种的优良性状。但是，分株繁殖周期较长，繁殖系数较低，即一株 3 年生种苗进行分株，只能分得 3～5 株小苗，小苗得再过 3 年才可进行分株，同时小苗成长为商品苗也需要 3～5 年。

（一）分株时间

芍药分株一般在秋季进行，从地里新芽发育饱满到土地封冻前均可。因不同地区气候条件的不同，其具体的分株时间会存在差异。中原地区一般 8 月底到 10 月初，江南地区一般 9 月下旬至 11 月上旬，北京以北和西北、东北地区 8～9 月较好。分株时间的把控对芍药分株苗来年的健壮生长十分重要。若分株过早，则容易秋发，不利于芍药安全越冬及来年的正常生长；若分株过晚，此时地温较低，不利于芍药分株后伤口的愈合及新根系的生长，亦会影响来年的正常生长。芍药不宜在春季分株，我国古代即有"春分分芍药，到老不开花"的说法，虽然不至于到老不开花，但至少也会导致 3～4 年不能开花。因为芍药萌动较早，早春季节处于旺盛生长期，此时分株会产生大量受伤根系，无法正常吸收水分和养分，必然导致植株生长衰弱，甚至死亡。

（二）分株工具

1.大枝剪
用于修剪芍药地上部分枯枝（图 5-1A）。

2.钢叉
用于挖掘芍药母株，钢叉挖掘有利于保持芍药根系的完整性，减少损伤，利于分株苗来年的生长（图 5-1B）。

图 5-1　分株工具（A. 大枝剪；B. 钢叉）

3. 美工刀

用于芍药母株的分株操作，美工刀分株可有效减小伤口面积，防止因伤口过多更易造成病菌感染，从而影响分株苗成活率。

（三）分株方法

分株前先将植株地上部分残枝枯叶全部剪掉，并清理干净，集中处理，防止枯枝上带有的病菌或虫卵遗留在地里（图 5-2A）。选择晴朗的天气，用钢叉挖起地下部分，抖落附土，剪去烂腐根和老根，注意尽量少损伤根系（图 5-2B）。若土壤湿度较大，肉质根脆，此时分株容易断根，可以先在阴凉处晾 2 天，待根系变软后再行分株。分株时要顺着自然缝隙处，用刀切（图 5-2C）或用手掰开母株（图 5-2D）。3 ～ 4 年生母株可分 3 ～ 4 个子株（图 5-2E），每个子株可带 3 ～ 5 个芽或 1 ～ 2 个芽，但分得过小，恢复生长时间较长。将分好的子株置于 500 倍多菌灵水溶液中浸泡消毒杀菌 15min，取出后将水晾干，再行种植（图 5-2F）。

分株时也可以剪去全部根系，只留下根茎部分，该方法常用于药用栽培芍药的繁殖（图 5-3A、B）。

多年栽植于园林绿地的芍药，生长势逐渐衰弱，也需要进行分株。为不影响游人观赏，可采用就地分株法，即挖出一半，留下一半。具体做法：在需要分株的芍药一侧挖洞，使其部分根系漏出，细心去除根上附土；然后用铁锨把芍药母株切开一分为二，尽量减少对留在地里部分根系的伤害；将切下部分适当进行分株，另寻空地种植，2 ～ 3 年后即可观赏。对保留部分的伤口进行杀菌处理，挖出的洞穴可以用肥土进行回填、压实。另外，也可以采用隔行隔株分栽的方法，这样既可以满足观赏要求，也能达到分株的目的，不过全部植株的分株工作需要两年才能完成。

图 5-2　芍药分株示意图（A. 修剪枯枝；B. 挖出母株；C. 美工刀分株；D. 手掰分株；E. 子株；F. 消毒杀菌）

图 5-3　切除根系后用于药用栽培芍药繁殖的根茎

二、播种繁殖

　　播种繁殖主要用于芍药新品种培育、牡丹品种的嫁接砧木生产、野生资源的种质资源保存与引种、中药材生产等方面。但由于播种繁殖的后代会发生性状分离，不能保持亲本的优良性状，故在观赏芍药生产中不宜广泛使用。

　　芍药属植物种子较为特殊，具有上、下胚轴双重休眠的特性。打破下胚轴休眠一般需要经过 1 ～ 2 个月的较高温度（25 ～ 30℃），种子才能破壳长根；待根系长到一定长度，通常又需要经过 1 ～ 3 个月 5℃以下低温，才能解除上胚轴休眠，并萌发出土。

（一）种子采收

　　芍药的果实为蓇葖果，具有结实能力的品种每个蓇葖果里含种子 1 ～ 8 粒或更多。当蓇葖果变为蟹黄色且微裂时，就可以连同果荚一并剪切下来。芍药种子的采收不能过早或过晚。若过早采收果实，其发育不成熟；芍药种子不耐失水，过晚采收则种子含水量下降，一旦种子含水量低于安全含水量，这粒种子可能就不具备活力了，即便种下去时看着种子很饱满，但是播种后不易出苗，而且过晚采收时果荚开裂，种子易掉落，不利于采收。因此，应尽量保证种子活力，一般在果荚颜色变黄，剥开果荚后种子为褐色或黑色时就及时采收。

由于品种和栽培地区的不同，种子的成熟时期会存在差异，需分批采收。将采收的果荚放至室内通风处阴干，切忌曝晒！待到果荚开裂后将种子与果荚分离。如果暂时不播种，可将其放置在阴凉通风处，用沙藏法保湿处理。切记不要曝晒种子，否则种子含水量减少，其萌发能力随之下降。

（二）播种时间

芍药种子宜当年采收当年播种。我国各地果实成熟期不一，如黑龙江省牡丹江在 9 月上旬，北京、山东菏泽在 8 月下旬，河南洛阳在 8 月上中旬，江苏扬州在 8 月中旬前后。生产上，各地一般都是依据种子成熟期，进行随采随播。若播种时间过晚，则当年不能发根，第二年的出苗率大大降低。秋季播种后，此时的土壤温度能够解除下胚轴休眠状态，使胚根发育成根系。冬季的低温可解除种子上胚轴的休眠，胚芽在第二年春天来临时即可萌发出土。需要注意的是，有的杂交后得到的种子播种后第一年可能不会出苗，得第二年春季才出苗。

（三）播种方法

1. 种子播种前处理

收获的种子并不一定都是饱满可育的种子，可先通过水选法进行筛选。将种子倒入清水中，去除漂浮在水面上的种子，沉入水底的一般为饱满的种子（图 5-4A）。然后进行消毒，可以使用浓度 5‰ 的高锰酸钾（$KMnO_4$）浸泡 15min，也可选择其他杀菌剂。种子下地之前，也可用温水浸泡 12h，有利于萌发。

处理后的种子就可以直接播种了，但为提高种子的发芽率并保证出苗一致，一般会对种子进行沙藏处理。湿沙层积在很多植物的育苗过程中都有利用，这有利于打破种子休眠。种子量少的话可以用一个花盆，如果种子量大，就需要一个沙床。沙子加水拌匀，最后用手将沙子抓起成团，但没有水流出，这种湿度就可以用于层积种子了。将种子置于小网袋中，袋中放入杂交组合标签，封好口，埋入湿沙中。环境温度 15 ～ 25℃ 最有利于打破休眠。平时注意观察沙子湿度，注意补水，保证沙子不能过干（图 5-4B）。大概 30 天后，将种子扒出，观察是否有种子已经露白（种皮破口，胚根微微露出），如果有半数种子已经露白就可以播种了（图 5-4C）。

2. 整地做床

在种子量多的情况下，一般采用大田播种。大田播种需要提前深翻土地，并施用底肥和杀虫剂。底肥可以选择腐熟的有机肥，如粪干、豆饼等。杀虫剂主要针对蛴螬和根结线虫，其中防治蛴螬可用5%毒死蜱颗粒剂2～3kg/亩①兑20～30kg沙土配成毒土撒施土壤表面，根结线虫可选用10%克线磷、3%米乐尔或5%益舒宝等颗粒剂，每亩3～5kg均匀撒施后耕翻入土。之后可以做苗床，苗床一般高出地面10cm左右，床宽1.0～1.5m。

3. 播种

选择晴朗无风天气进行播种，播种时土壤湿润为宜。可选择点播、条播、撒播等播种方式，但是对于定向杂交获得的杂交种子不建议进行撒播，撒播适用于嫁接砧木的生产或者药用栽培芍药的繁殖。点播时粒距保持3～4cm为宜，覆土一般5～6cm；条播时保证行距在10～15cm（图5-4D）；撒播尽量播种均匀。覆土后，可盖上地膜，既可防寒保墒，还可以提高地温，利于种子萌发（图5-4E）。若播种目的为选育新品种，则播种后应该及时将带有杂交信息的插牌插入，防止种子混乱。播种完成后，一般来年3～4月种子就会萌芽出土（图5-4F）。另外，有时因种子处理不当，可能进入深度休眠，导致无法正常萌发。如果是比较珍稀的种子，可检查种子是否完好，是否已经腐烂，若完好可再等一年，还有一定萌发出苗的希望。

如果种子量少可以选择播种于花盆或者育苗盘内，基质可以使用草炭土+珍珠岩+蛭石+有机肥，播种深度一般控制在3～4cm，不能太深，太深不利于出苗。由于芍药种子发芽所需时间较长，因此需要及时给花盆或育苗盘补水，不能太干。种子播种后约1个月，此时种子根系已经生长至一定长度，可以低温处理打破上胚轴休眠。注意必须要有5℃以下的低温处理，不然种子不会出苗，有条件可以将花盆或穴盘置于冷库，或者放置到室外。置于室外需要注意，如北京室外温度可以降至零下十多摄氏度，不能直接露天放置，需要一定的防寒处理，防止花盆或穴盘冻透。

图5-4 芍药播种流程示意图（A. 水选；B. 沙藏；C. 长根；D. 条播；E. 覆膜；F. 出苗）

---

① 1亩 =1/15hm²，以下同。

三、扦插繁殖

虽然扦插繁殖是园林植物常用的高效无性繁殖方式，繁殖系数较大，操作简单方便，但是，芍药的扦插繁殖比较困难。即使扦插苗成活，生长到开花也需要较长的时间（3年左右）。芍药扦插繁殖可以分为茎插、根插，目前国内研究主要集中在茎插。影响扦插繁殖成功率的因素有很多，主要是扦插时间、激素种类与浓度、基质、温湿度等。

（一）茎插

茎插时间以开花前半月为宜，中原地区5月初，东北地区一般6月中下旬至7月初。扦插时，插穗长10～15cm，带2个节，上部复叶留少许叶片，下部复叶连叶柄剪去（图5-5A）。据研究表明，用2000mg/L的吲哚丁酸（IBA）溶液速蘸插穗10s后扦插，生根效果较好，生根率达78.3%（付喜玲，2009）。

在装有全自动喷雾的大棚内扦插，扦插基质可选用蛭石和珍珠岩混合，基质消毒，扦插深度以插条深度的2/3为宜，插穗叶片间要互不重叠（图5-5B）。2个月左右开始长根，生根后可以减少喷雾的频率（图5-5C）。待根系长到一定程度可将其移至较大的花盆中，缓苗一周后可进行肥水管理，促进根系的生长，快速形成较粗的肉质根，为新芽的形成积累营养（图5-5D）。到秋季时，插穗下部叶腋处的隐芽开始发育成新芽，新芽长出后可剪掉地上部位（图5-5E）。第二年春天解冻后可将植株带花盆基质移栽至大田，常规肥水管理。

也可以选择露地扦插，在地势比较高、排水良好的圃地做扦插床，大小以120～150cm为宜。床土翻松后铺上15cm厚的河沙，河沙用0.5%的高锰酸钾消毒。插后浇透水，再盖上塑料棚

图5-5　芍药茎插繁殖（A.激素处理；B.大棚扦插；C.插穗生根；D.移栽；E.长芽；F.萌发）

并遮阴。冬季寒冷地区，为提高气温和地温，可用地膜覆盖。据观察，基质温度 20 ～ 25℃，空气湿度 90% 时生根效果好。生根后，减少喷水和浇水量，逐步揭去塑料棚。幼苗生长缓慢，需要在扦插床上覆土越冬，第二年春天露地栽植。

（二）根插

芍药的根有两种类型，粗大的肉质根和纤细的须根。肉质根，内部贮藏有大量养分，可作为繁殖材料，即根插。不同品种的根插再生能力差异较大。一般来说，中国芍药品种群的品种，根插很困难；而杂种芍药品种群、伊藤芍药品种群的品种，则可以采用根插的方法进行繁殖（Rogers，1995）。于晓南课题组研究结果表明：用浓度 200mg/L 的吲哚丁酸处理杂种芍药品种'Coral Sunset'的根后，在珍珠岩 + 草炭的基质中扦插，生芽效果最好。

根插方法：秋季分株时，把剪下的根和遗留在坑里的断根进行扦插（图 5-6）。插穗要求无病虫害，粗度 2cm 左右，剪成 15cm 左右的根段，剪口上平下斜，用 200mg/L 的吲哚丁酸处理 4h，清水清洗晾干后，竖直埋在预先挖好的沟里，沟中撒杀虫、杀菌剂。根段上端距地表 1cm 处覆土压实，培土 15cm 左右。再覆盖地膜，可防寒防旱。待第二年春天除去覆盖物，秋季即可移栽露地。

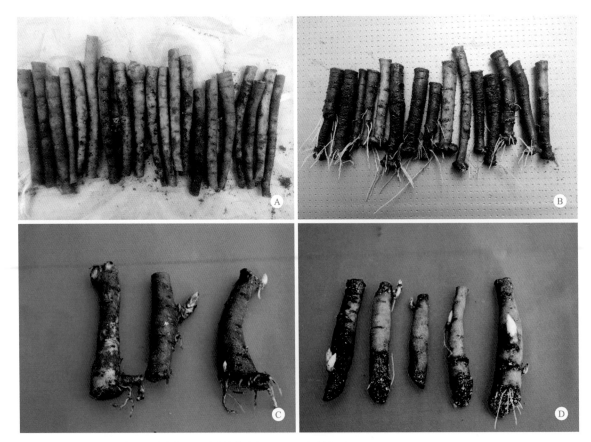

图 5-6　芍药根插繁殖（A. 插穗准备；B. 肉质根长须根；C、D. 长芽）

四、压条繁殖

芍药还可以使用高空压条的方法进行繁殖，能够有效地提高繁殖效率。压条所用枝条必须老嫩适宜，太嫩易折断，且不易整齐环剥；太老不易发根，成活率较低。压条时间一般5月下旬至6月上旬为宜，具体为花谢后5～10天。选取枝条健壮，无病虫害的枝条进行环剥。环剥位置在叶腋上部2～3cm处，环剥宽度为0.5～1.0cm。将宽为2cm，长8cm左右的白纸条在吲哚丁酸溶液中浸泡后，整齐地缠在环剥处。然后，用黑色塑料杯套住枝条，杯中加入基质。嫩枝发根前要经常浇水，保持杯中基质湿润状态，一般5天左右浇透水1次。当嫩枝萌发的幼根长到一定长度后，及时从母株上剪下，移入花盆种植（图5-7）。

图5-7 芍药压条繁殖（A.生根；B.长芽）

五、嫁接繁殖

嫁接繁殖在牡丹中应用较为广泛，但在芍药的繁殖中应用较少。目前，芍药嫁接繁殖方法主要是用于伊藤芍药的繁殖。伊藤芍药作为芍药与牡丹的组间杂交后代，其地上部分茎秆生长特性与芍药类似，露地栽培冬季会因茎秆不完全木质化而冻死干枯，次年春季重新从地下萌芽生长。但是，伊藤芍药茎秆上常存在腋芽，可以在秋季时利用半木质化的腋芽进行嫁接，能有效提高伊藤芍药的整体繁殖效率。不同伊藤芍药品种的木质化程度不一样，其形成饱满腋芽的能力也存在差异，这直接影响着嫁接的成活率和繁殖效率，如'巴茨拉'的木质化程度较高，嫁接成活率也较好。

根据砧木选择的不同，牡丹的嫁接主要分为根接、芽接与枝接等。伊藤芍药的嫁接方法与牡丹类似，主要采用根接的方法。根接是以扩繁为目的的嫁接方法，嫁接成活后，通常通过深植、培土，促使接穗生根，最终得到具备自生根的、分枝众多的伊藤芍药商品种苗。

根接又可以分为嵌接法、劈接法和贴接法三种：

（一）嵌接法

为传统嫁接方法，一般适用于芍药根砧。选择含有饱满腋芽的伊藤接穗，下端 2cm 处削成一侧厚、一侧薄的楔形；再将根砧顶部修平，然后自一侧向下切一直口，长度与接穗削面相近，立即插入削好的接穗，以麻绳自上而下绑紧，如果嫁接量大，无法尽快栽植或沙藏，可在嫁接口抹泥防止水分过度散失。

（二）劈接法

劈接法可以认为是应用嵌接法时，砧木和接穗粗度基本一致的特殊情形，将砧木切透，与常规的林木劈接相似，砧、穗切削及绑缚与嵌接基本一致。

（三）贴接法

贴接法是在接穗下端 2 ～ 3cm 处斜向下削一刀，芍药根去头，将芍药根从距离顶部 2 ～ 3cm 处从下向上斜削一刀，削面要平。然后将接穗与砧木粘贴在一起，对齐形成层，绑紧麻绳，然后抹泥即可。总体而言，贴接法是一种改良方法，操作简单，对于牡丹、芍药砧木均能适用于生产。

下面以贴接法为例，对实际操作方法进行简要介绍。首先，需要准备一把称手的嫁接刀，以及接穗、砧木和麻绳（图 5-8A ～ C）。白露至霜降期间均可嫁接，越早嫁接成活率越高，建议不要晚于 10 月 20 日（中原地区），其他地区可参考中原地区节气，对照气温情况进行调整。嫁接后立即保湿并沙藏（图 5-8D）。沙藏 20 天以上，就可以下地栽植（图 5-8E）。来年出苗后，做好水肥管理，嫁接后根据苗子大小及时调整株行距，3 ～ 4 年即可开花（图 5-8F）。

六、组织培养

芍药的组织培养繁殖效率高、繁殖周期短，同时能够获得无菌苗、定向培养芍药优良新品种，与传统繁殖方法相比优势明显，是芍药实现产业化、规模化的必由之路。

图 5-8　嫁接繁殖（贴接法）操作图示（A. 嫁接刀；B. 麻绳；C. 砧木和接穗；D. 嫁接成品准备沙藏；E. 嫁接苗栽植；F. 嫁接苗出土）（ABCEF：刘春洋 供图）

（一）基本培养基及外植体的选取

芍药组织培养使用较为广泛的培养基为 MS 培养基、1/2MS 培养基、WPM 培养基、SH 培养基、N6 培养基、B5 培养基以及上述基本培养基的改良版本。

芍药组织培养的外植体取材较广泛，常用的有：种胚、芽、茎尖、茎段、叶片、叶柄、花药、子房、胚珠、下胚轴、子叶等。不同的外植体的诱导情况不同，同时，外植体的生理状态也会对组培产生一定的影响。如芍药地下芽的采取应选择春季 3 月和 11 ～ 12 月上中旬，这个时期有利于萌动和分化；9 ～ 10 月采取，效果最差。茎尖应 1 月采取，且 4℃冷藏处理 5 ～ 6 周接种最佳。茎段、叶柄和叶片取材则以幼嫩为佳。花器官应该在四五月松蕾期之前取材。

（二）外植体的灭菌

芍药外植体种类很多，应酌情调整杀菌剂的浓度和时间，以获得理想的消毒效果。以地下芽为例：用镊子剥去外层鳞片，留最里面的 2 ～ 3 层鳞片并切去基部多余部分，然后在洗洁精稀释液中浸泡，用毛刷刷净，最后在自来水下冲洗干净。转入超净工作台，用 75% 乙醇溶液浸泡 1min，用体积比浓度为 4% 的次氯酸钠溶液灭菌 15min，并不断振荡，无菌水冲洗 3 ～ 5 次，每次 3min。接种花药、胚珠、子房等有花蕾包被的外植体时，可用同样的方法对花蕾进行体表灭菌。接种种子等较干净的外植体时，可将次氯酸钠浓度降到 2%，灭菌时间也相应缩短到 7 ～ 10min；而接种叶片等较幼嫩的外植体时，用 75% 酒精浸泡 15 ～ 30s，2% 的次氯酸钠灭菌 3 ～ 5min 即可。

（三）芍药组织培养途径

根据外植体和培养目的的不同，芍药的组织培养主要分为胚培养、芽培养、愈伤组织诱导和体细胞胚诱导。

1. 胚培养

芍药胚培养的主要目的就是进行胚拯救以及实现优良种株的快速繁殖。主要以未成熟和成熟的种胚为外植体，一般有以下几种处理：完整的种子、剥离种皮、切割部分胚乳或者只切取胚。于晓南课题组前期研究显示，只切取胚的诱导萌发效果最好；主要选用 GA_3 和 6-BA 作为外源激素；壮根时不添加任何激素的 1/2MS 培养基表现最好。

2. 芽培养

芽培养是以实现芍药的快速繁殖为主要目的，获得理想的增殖系数是关键。GA_3 与 6-BA 是常用的启动培养激素组合。启动培养后，将诱导产生的丛生芽从基部切分成 2～3 株（酌情切分，保证每株带有 2 个及以上不定芽）转至增殖培养基。丛生芽增殖培养中，BA 的增殖效果好于 KT，且二者配合使用优于它们分别单独使用。以'大富贵'为例，最适增殖培养基为 1/2MS+6-BA 1.0 mg/L+ KT 0.5mg/L。

生根是整个培养过程中比较关键的一环，常用的激素种类为：IBA、IAA 和 NAA。对生根的影响研究表明，使用单一生长素时，IBA 的诱导效果最好，IAA 诱导生根效果最差，NAA 诱导的根由愈伤组织分化而形成，不与茎相连，利于移栽成活。

3. 愈伤组织诱导再分化

芍药愈伤组织诱导再分化比较困难。于晓南课题组经过多年的探索，虽然能够初步分化出不定芽，但仍存在诱导率低以及畸形率高等问题。原因可能是外植体需要经历脱分化和再分化的过程，对培养基、激素配比及培养条件有更高的要求。目前常用的细胞分裂素为 6-BA、TDZ，生长素为 2,4-D、NAA、IBA，且二者结合使用，诱导效果较好。

4. 体细胞胚诱导

体细胞胚发生具有普遍性和两极性，且遗传相对稳定，是最理想的获得遗传转化受体的途径。在体细胞胚诱导初始阶段，生长素 2,4-D 在大多数植物的诱导中发挥了关键作用，其机理可能是 2,4-D 通过改变细胞内源激素 IAA 而起作用。NAA、IBA 和 IAA 也是常用的生长素。细胞分裂素对体细胞胚的成熟有显著作用，因此体细胞胚的诱导搭配细胞分裂素效果更好，常用的细胞分裂素有 6-BA、TDZ，有时还会用到 KT 和 ZT。近年来的研究还发现，在胚状体成熟阶段添加一定的 ABA，可以保证体胚的形态正常发育，减少畸形胚的产生。此外，碳源种类和浓度、金属元素含量以及外源添加物质（如 Ca^{2+}、$AgNO_3$、KCl、氨基酸、椰子汁、水解酪蛋白等）也会显著影响体细胞胚的诱导和发生过程。

第二节
栽培养护管理

植物的栽培养护管理是维持植物健康生长、提高产量和品质的重要保障。根据栽培目的的不同，芍药栽培可以分为露地栽培、切花栽培、盆花栽培和控制栽培等。

一、露地栽培

芍药作为我国的传统名花，具有极高的观赏价值，长久以来主要以露地栽培的方式进行观赏。芍药的露地栽培主要包括观赏栽培和种苗的生产栽培。

在观赏栽培方面，芍药在园林中常用于牡丹芍药专类园，通过两者结合，可以有效地延长专类园的整体观赏时期，如在北京植物园、景山公园（图5-9）等均可见到。同时，芍药常用于重要景点的布置。芍药也是庭院观赏的常用花卉，不论是丛植、群植、片植都具有很好的观赏效果，且栽培管理较粗放，经济而又节省劳力（图5-10）。最近几年来，在北京城市的绿化带里也能经常看到芍药花的身影。

从种苗的生产栽培方面来看，近几年国内具有较大的市场潜力。越来越多的国外芍药品种涌入中国，丰富了我国的芍药资源。同时，国内对芍药花卉的认识在不断地加深，作为我国传统的爱情花，其文化底蕴还在进一步挖掘。国内的育种家们也在不断地努力培育更多的芍药新品种。这些都为芍药的生产栽培提供了许多的助力。种苗的生产栽培不同于观赏栽培，生产栽培更注重规范化、整齐化和精细化，同一个品种栽植在一块，避免后期品种混杂，在销售时造成损失。另外，生产栽培的芍药种苗分株频率也会更高。

图 5-9　景山公园牡丹芍药专类园

图 5-10　庭院观赏丛植的芍药

（一）栽培地选择

栽培地应选择地势较高、排水良好、土层深厚、疏松肥沃的砂质壤土。土壤以中性或微酸性为佳，盐碱性较重的地方必须改土，可以撒硫酸亚铁等物质改良碱性土壤。若地势较低，可筑高台以抬高地势。栽培地附近要有清洁的灌溉水源。

（二）整地及土壤改良

选定栽培地后要深翻整地，最好在栽植前一个月进行深翻，深度60cm以上，清除土中的杂草、石头、砖块等，并结合整地施足底肥，每亩施入有机混合肥料至少1500kg，不可施用未经过腐熟的生肥。肥料翻入土中后，整平，等待秋季种植，此过程称为"养地"。

于晓南课题组成员在日本考察时发现，日本会在计划种植芍药的土地平整好之后第一年种植一种禾本科一年生牧草（株高可生长至3m以上），待到第二年春天将枯死的牧草均匀粉碎后通过旋耕机将秸秆与土壤均匀混合，使绿肥在土壤中充分腐熟，改良土壤物理结构的同时也增加土壤有机质含量。秋季秸秆充分腐熟之后整地种植芍药种苗。如果条件允许的话可以参考一下此种方法。

（三）做畦及栽种

平整土地后做畦，先在两排畦间做宽60cm、低于地平面20cm的垄沟，两畦间做低于地面20cm畦梗。南方多雨地区应做高畦，畦面高出地面25cm，两畦间留50～60cm沟，以备雨季排水。北方少雨高燥地区，宜用低于地面的地畦，便于保水和灌溉，畦面多以南北走向。畦面耙平后，即可定植植株。

栽植时期以8～10月为宜，秋季不可栽植过晚，气温过低会使芍药发根较慢，甚至不发根，不利于芍药安全越冬和来年的正常生长。庭院栽培可以按照自己的喜好不规则种植、独植或丛植。栽植时，将芍药的根舒展开放入穴中，穴深约35cm（图5-11A、B），填入一半土时（图5-11C），将根轻轻上提，使根系充分接触土壤（图5-11D）。栽植深度以芽与地面相平或稍低于地面为宜。填满土后，踩实，并封埋15cm左右高的土堆（图5-11E），以保温保湿。栽后灌足水。

（四）水肥管理

1.浇水

芍药为肉质根，耐旱，忌积水。平时浇水以保持土壤湿润为度。春季解冻时需要浇解冻水；开花前后保持土壤湿度，花期忌浇水，易导致花朵提前凋谢影响观赏；夏季高温季节浇水应在清晨或者傍晚；越冬前需要浇冻水。刚栽植的芍药，注意及时浇水。夏秋多雨季节，尤其是江

图 5-11 芍药露地栽培步骤示意图（A. 挖坑；B. 放根；C. 填土；D. 提根；E. 覆土保墒）

南地区要注意及时排水、不要积水，防止根系腐烂。

　　灌溉的方式有多种，若是庭院小面积的种植可以直接人工浇水，如果是种苗的生产栽培，则有必要铺设地下管道采用喷灌的方式，既可节省劳力，也可节约水资源。

2. 施肥

　　芍药喜肥，每年可多次施肥，主要有三次。第一次早春萌芽时施肥，俗称"花肥"，为花蕾的发育和开花补充养分。第二次待花期过后施肥，俗称"芽肥"，目的是促进花后来年新芽的发育，保证来年开花和生长质量。第三次在入冬前施肥，俗称"冬肥"，可结合封土越冬进行，主要是为防寒保墒，也为早春的初期生长提供养分。"花肥"和"芽肥"以施用速效肥为主，"冬肥"以施用长效肥为主。此外，芍药萌发出土后至秋季干枯前均可以定期喷施叶面肥，可有效提高植株的开花品质、抗性，且能延长植株绿期，有利于来年的生长。

　　追肥有穴施、沟施和普施三种。1～2年生幼苗因根系不发达，吸收肥料的范围有限，故多采用在株间穴施或行间沟施的方法。沟（穴）深约15cm，将肥料施入沟内，用土盖上。3年生以上的植株多采用普施法，将肥料撒匀后深锄松土，把肥料翻入土壤中。施肥一般在雨天来临前进行，或者可以与灌溉相结合，更有利于植株对肥料的吸收和利用。

（五）摘蕾、修剪

中国芍药品种群品种多数有侧蕾，为保证顶蕾花朵硕大丰满，可以通过早期疏去侧蕾的办法，来使养分集中供应给顶蕾。去侧蕾不宜过晚，否则达不到理想的效果。剥除侧蕾最好选在晴天进行，阴雨天剥除易使伤口感染病菌。有些品种的侧蕾容易开花，在不影响顶蕾的情况下，可适当保留以延长整体花期。也可以剪掉部分植株的顶蕾及上端部分侧蕾，推迟始花期，达到延长庭院中整体花期的效果。花朵凋谢后及时剪除残花，既可以保持美观，又可以避免因结实而消耗掉过多的养分，影响来年的成花。

入秋时分，芍药地上部分茎叶慢慢开始枯萎变黄，此时需要剪掉枯萎的地上部分，并将枯秆清扫干净，集中处理，防止来年芍药感染上枯秆上的病虫害。

（六）防寒越冬

芍药是越冬时芽易受损伤的草本花卉，在清除地上枯枝乱叶后，在根际覆盖厚约10cm的堆肥，上面压土，拍实（图5-12）。土壤封冻前，需要进行灌水，俗称"浇冻水"。

（七）栽培中易出现的问题及预防措施

芍药的一些重瓣品种花大、梗软，开花时容易出现下垂，有损美观。为了保证良好的观赏

图 5-12 覆土堆防寒

效果，常在花蕾显色后，立细竹竿等支柱。花朵特大、花梗较软的采用单杆式保护，即用小竹竿插入花秆背部土中，然后用细绳捆绑固定，绑至花下 6～8cm 即可。对于一般品种，可将整丛植株用竹圈围拢起来，根据株幅的大小采用不同的竹圈。

栽植的第二年最易发生杂草，应做到勤中耕清除杂草，防止杂草争夺水分和养分，以免影响幼株生长。注意把握除草的最佳时期，因降雨会加快杂草生长，故在降雨前一定进行除草。此外，对芍药使用除草剂除杂草的时候要十分谨慎，实践表明，除草剂对芍药幼苗的伤害较大，会导致叶片枯死甚至植株死亡，对成年植株使用除草剂时尽量避免把药喷施在叶片上。

二、切花栽培

目前，切花在世界花卉销售市场总额中占 60% 左右。芍药切花因其花朵硕大、花色艳丽、花梗硬直，具有耐水养和储藏运输等优点，备受世界花卉市场的欢迎。随着人们生活水平的不断提高，以及我国花卉业的蓬勃发展，芍药作为鲜切花材料已成为鲜花市场上的佼佼者。近年来，芍药切花在我国的销售量和影响力与日俱增。

（一）芍药切花标准

为保证芍药鲜切花的质量，在芍药鲜切花生产方面对品种选择有特定的要求，应选择生长势强、植株高大、茎秆粗壮硬直、花色鲜艳、花型秀美、耐储藏、水养时间长的品种。国内常见的切花品种有'杨妃出浴'、'桃花飞雪'、'种生粉'、'晴雯'等。

芍药切花评价指标、评价标准分级、评价定级情况如下。

1.评价指标

针对芍药切花生产的特点，重点选择花色、花型、花径、瓶插寿命、单株花量、分枝数、叶片观赏性、最大可采收茎长、茎粗、茎秆直立性，共 10 个评价指标。评价指标的解释为：

花色：芍药花瓣颜色；

花型：芍药花冠的形态，花朵排列的均匀性等呈现的整体感觉；

花径：为花蕾较紧实时采收的切花于室内瓶插时的最大花径；

瓶插寿命：为花蕾较紧实时采收的所有可以正常开放的切花的瓶插寿命的平均值；

单株花量：为每株芍药植株可以开花的花蕾数；

分枝数：为每株芍药植株地上部分茎秆数的总和，包括带花蕾和不带花蕾的茎秆；

叶片观赏性：为叶片的色泽、质感和分布均匀性所呈现的整体感觉；

最大可采收茎长：为从地上第二片复叶至花蕾下方的长度（采收时至少保留两片复叶供植株继续进行光合作用，为第二年生长积累养分）；

茎粗：为从地面向上第二片复叶处茎秆直径；

茎秆直立性：茎秆直立或者弯曲。

2. 评价标准分级

具体的评价标准分级见表 5-1。

表 5-1 芍药切花品种评价标准

具体评价指标	权重	各等级描述		
		A（3分）	B（2分）	C（1分）
花色	0.1	花色亮丽，无焦边现象	花色良好，略有焦边现象	花色不纯正，晦暗无光泽，有焦边现象
花型	0.1	花型圆整优美，花朵饱满，匀称协调，外层花瓣整齐无损伤	花型较圆整，花朵较饱满，外层花瓣较整齐无损伤	花型不圆整，花朵不饱满，花瓣杂乱，外层花瓣略有损伤
花径	0.1	直径≥13cm	10cm≤直径<13cm	直径<10cm
瓶插寿命	0.1	≥6天	4天≤瓶插寿命<6天	<4天
单株花量	0.1	≥7	4≤单株花量<7	<4
分枝数	0.1	≥8	4≤分枝数<8	<4
叶片观赏性	0.1	叶片厚实、分布均匀，叶色鲜绿有光泽	叶片分布均匀、叶色鲜绿	叶片不均匀、叶色灰暗无光泽
最大可采收茎长	0.1	≥50cm	40cm≤最大可采收茎长<50cm	<40cm
茎粗	0.1	≥8mm	6mm≤茎粗<8mm	<6mm
茎秆直立性	0.1	茎均匀挺直	茎较挺直	茎较细、弯曲

3. 评价定级

将评价标准的每个指标分为 A、B、C 三个等级，分别定为 3、2、1 分，对每个品种评价时，按照此评分标准，凡是在每项达到 A 级的记为 3 分，依此类推，然后将各项得分加权平均后得到总的分数。根据分数将芍药切花品种分为三个等级：

1 级：得分 > 2.5，表现出优秀的生长特性和切花观赏特征并有令人满意的产量。

2 级：2.0 < 得分 ≤ 2.5，表现出良好的生长特性和切花观赏特征并有一定的产量。

3 级：得分 ≤ 2.0，生长较差或观赏效果较差，产量低。

（二）栽培地选择

栽植地应选择地势较高，土壤肥沃、疏松，土层深厚、阳光充足、背风的地块。土质中性或者微酸性砂质壤土为宜。具有充足便利的干净水源和良好的排水条件。

（三）整地及土壤改良

栽植前 1 个月深翻土地 50～80cm，然后每亩地施入 200～250kg 饼肥或人、畜粪 2000～2500kg，注意多增加磷、钾肥的含量，控制氮肥的含量。氮肥过多，易引起植株徒长，影响成花质量和数量。栽植前 10 ～ 15 天把地整平待植。

（四）做畦及栽种

芍药切花生产中主要采用分株法繁殖，一般 5 ～ 6 年才进行分株移栽，周期较长。故株行距宜大，一般 60cm×80cm。以 5 ～ 8 行为一畦进行栽植，便于灌溉。栽植时，应分品种集中栽植，便于管理、采切和销售。

（五）水肥管理

芍药为肉质根，较耐旱，不耐涝，因此一般情况下不需浇水，雨季要注意及时排水。如果花前天气特别干旱，应及时灌水，否则花的直径变小、花瓣层次减少、颜色变浅。每年可在萌芽前、孕蕾期、落叶后分别浇一次透水，其余时间根据天气情况控制浇水。灌水宜适时适量，切忌土壤过湿而影响生长及花色。越冬前灌足水，以保证植株安全越冬。灌水应在上午 10 点之前，下午 5 点之后，条件好的地方可采用滴灌或喷灌。

芍药喜肥，特别在花蕾露色期与花芽分化阶段对养分需求更迫切。每年 9 ～ 10 月施有机肥；在幼苗出土展叶后，及时追施速效肥，适当加大磷、钾肥比例，为花蕾发育和开花补充养分；在开花后追施多种养分的复合速效肥，为花后植株生长、花芽分化补充养分。切花后要增加叶面追肥，每 10 ～ 15 天喷施一次 400 倍的复合型磷酸二氢钾，连续喷洒 4 ～ 6 次，补偿因切花对植株造成的损失。入冬之前要施冬肥。

（六）修剪整形（摘侧蕾、疏枝）

为保证芍药鲜切花的质量，在生长期应加强植株管理。及时清理基部枯黄叶、病老叶，改善通风透光条件，预防病虫害的发生；早期小心摘除茎上部叶腋间的所有侧蕾，使养分集中供给顶蕾，提高顶端花朵的质量；对于花蕾太大且花茎容易弯曲的品种，在花蕾膨大期设立支柱，将花茎上部距花头 6 ～ 8cm 处绑扎于支柱上，使切花挺直、花头挺立、花姿优美；及时剪除残花、无用花，以免消耗养分。

（七）切花采收与处理

我们以欧美引进的 11 个芍药切花品种为试材，通过对各品种的花蕾期进行观察，确定了 3 ～ 4 个蕾期采收时期，通过瓶插试验，记录开花进程和瓶插寿命。结果表明，不同品种适宜的采收期不同，根据品种科学确定采收时期是切花生产中一项重要内容。高水平（2006）对采收期与冷藏期的研究指出'奇花露霜'和'桃花飞雪'在短期冷藏和长期冷藏时适宜的采收期不同。'奇花露霜'短期冷藏时松瓣期、转色期、软蕾期采收区别不大，长期冷藏时以转色期最佳；

而'桃花飞雪'短期冷藏和长期冷藏时都以转色期为佳。此外，可根据现蕾之后的天数结合群体中有花初开确定适宜的采收期，从而得到更长的瓶插寿命，延长货架寿命。

剪切时至少保留茎秆下部两片复叶，供植株继续进行光合作用，为第二年生长积累养分（图5-13B）。剪切时间以清晨10点前为宜，若采收量过大的时候，下午5点后亦可采收。切枝由上部两片复叶以下剪去多余叶，去除腐烂、损伤、病虫害感染和畸形花枝，其余花枝用清水冲洗掉分泌物，使用杀菌剂、保鲜剂等处理，在2～5℃环境下冷藏（图5-13C）。切花采收后依品种、质量等级、采切期进行严格分类，按分级标准或购买者的需求整理花材（图5-13D、E）。

图5-13　切花栽培生产流程（陈晓霞 供图）
（A. 大田栽培；B. 切花采收；C. 保鲜处理；D. 捆扎成束；E. 装箱）

（八）防寒越冬

土壤封冻前，要在芍药植株上封高约20cm的土丘以防寒，保证芽子不漏在外面，否则芽子会冻伤影响来年的成花。

（九）栽培中易出现的问题及预防措施

控制病虫害的发生对生产高品质的芍药切花至关重要。切花生产栽培规模较庞大，植株数量多，且局部栽培品种单一集中，若发生病虫害则易扩散导致全部受到影响，轻则降低切花品质，重则导致种苗死亡。栽植时，选择适宜的栽植地块，翻土时撒杀虫剂，注意周期轮作。选择抗病虫害能力强的品种和无病的壮苗栽植，根系与芽体要进行消毒。施肥以有机肥为主，并控制速效氮肥用量，加强中耕除草。及时清除枯枝、枯叶，剪残花。

三、盆花栽培

盆栽是商品花卉销售的一种重要形式，一般多采用无土栽培，即将植物固定在盛有基质的容器中，把其生长发育所必需的营养物质配置成营养液为其提供养分的种植方式。无土栽培具有重量轻、节省水肥、运输方便、应用灵活、提高栽培质量、易于控制病虫害的传播等优点。

（一）品种选择

大多数品种能够适应盆栽，表现良好。表现最适合的品种有'大富贵'、'杨妃出浴'、'朱砂判'等。根据盆栽的环境条件、综合观赏效果，确定选择盆栽芍药品种的标准：

（1）株型紧凑。

（2）丰花，成花率高；花色纯正；单花期长；花朵直上。

（3）抗病虫，适应性强。

（二）花盆

栽培宜使用泥瓦盆、陶土盆或塑料盆。目前，国内瓦盆应用广泛，瓦盆透气性好，有利于植株生长。应根据种苗规格确定盆器具体规格，一般以口径 25 ～ 30cm、高度 30 ～ 40cm 为宜。初植花盆口径可选用 25 ～ 30cm、深 20 ～ 25cm 的规格。长大后根据植株的规格，再选用较大的花盆。为了追求美观效果，还可采用"套盆"方法，即用瓦盆栽芍药时，可用比瓦盆大一号的陶瓷盆或塑料盆，将植株连盆置于其中进行销售。

（三）栽培基质的配制及消毒

盆栽前一个月开始配置营养土，待其腐熟后就可使用。盆栽时芍药的根系受到限制，因此培养土以疏松肥沃、肥效持久、排水良好为佳。栽培可以使用草炭、珍珠岩、蛭石等基质，多种基质按照比例混合使用效果较好。经过筛选基质配方，宜选用草炭、蛭石、珍珠岩体积比 3：1：1 的混合基质。基质要求洁净、无病源虫源，pH5.5 ～ 6.5，EC 值 ≤ 0.8ms/cm。

配置好的混合基质需要进行消毒杀菌处理，可采用以下三种方式。

1.蒸汽消毒

生产面积较大时，可以把基质堆成 20 ～ 30cm 高的土堆（长度根据地形而定），用防水、耐高温的保温膜覆盖，通入 70 ～ 90℃蒸汽，消毒 40 ～ 60min。消毒时基质的含水量应控制在 35% ～ 45%。

2.太阳能消毒

利用夏季太阳辐射热能，在 7 ～ 8 月气温达 35℃以上时，向基质堆喷水，使其含水量超过 80%，覆盖塑料薄膜，密闭 15 ～ 20 天。

3. 化学消毒

把待消毒的基质平铺在干净的塑料薄膜上，每亩施用辛硫磷 3% 颗粒剂 7 ~ 8kg，阿维菌素 1.8%（乳油）40 ~ 60mL，1000 倍多菌灵溶液 20 ~ 30kg 的混合药剂，均匀喷水保持基质潮湿。用塑料薄膜覆盖封闭 1 ~ 2 天，再将消毒的基质摊开，曝晒至少 2 天以上，直至基质中无药物气味方可使用。进行化学消毒时，操作人员必须佩戴口罩、手套等防护措施。

（四）装盆及栽植

盆栽时间一般在 9 月下旬至 10 月下旬，与大田栽植时间一致。盆栽前，先将芍药放在阴凉处晾置 1 ~ 2 天（图 5-14A），使根部变软，便于修剪、栽植。栽植时，用瓦片盖住盆底的排水孔，再铺 2 ~ 3cm 的粗炉渣或陶粒做滤水层，然后填上 15 ~ 20cm 的盆土。栽前，剪去芍药的病根以及过长的根，使根的长度短于花盆深度 4cm 以上。用多菌灵溶液进行 5 ~ 10min 的根部消毒（图 5-14B），然后再进行栽植。用草炭、蛭石、珍珠岩体积比 3 ∶ 1 ∶ 1 的混合基质（图 5-14C）。将种苗分散直立于盆中，理顺根系（图 5-14D），再填盆土，边填土边轻压，使根系与基质充分结合，填置一半时上提，然后将基质压实，基质高度以距离盆沿 2cm 左右为宜，栽后浇透水（图 5-14E）。室外露地过冬时，可将盆栽浅埋地里，防寒保温，待到土壤解冻后移出（图 5-14F）。

图 5-14　芍药盆栽关键步骤（A. 晾根；B. 泡根消毒；C. 拌基质；D. 放根；E. 上盆；F. 出苗）

（五）栽后管理

盆栽芍药的管理措施与庭院栽植类似，但要更加细心。注意浇水施肥，不可过量或积水。夏季浇水，宜于清晨；秋季宜少浇水。在施肥上要薄肥勤施或者使用营养液。开花前浇肥水一次，花谢后略施轻肥。注意防控病虫害发生。盆栽浇水时应该遵循"见干见湿"和"不浇则已，浇则浇透"的养护原则。应避免让盆内积水，以防沤烂芍药根。

具体的芍药盆栽生产管理流程如下：

1. 栽后至越冬前

栽植后 3 ～ 5 天浇透水一次，之后 10 天浇营养液一次，30 天后视基质湿度适时浇水。放置室外露地栽培时，在入冬前灌冻水。

2. 低温处理与越冬防寒

温室栽培的种苗应进行低温处理。处理温度 0 ～ 4℃，空气相对湿度 80% ～ 90%，处理时长一般为 6 ～ 8 周。露地栽培的种苗，应在盆器或栽培槽周围用稻草或其他秸秆填充，顶部覆以草帘防寒，或者直接埋在地里。

3. 花前管理

萌芽后，每 7 天浇营养液一次，保证花蕾正常发育。芽高 10cm 时，除去弱芽。之后每 5 天浇施营养液一次。若出现叶片下垂、萎蔫等缺水现象，可补充浇水。为保证盆花开花饱满，可提前摘除侧蕾，使养分集中供给顶蕾，侧蕾摘除不宜过晚。

4. 花后管理

花后及时剪去残花。夏季营养液浇施每 4 ～ 5 天一次，秋季每 6 ～ 7 天一次，保证新芽发育所需的养分。枝叶基本干枯后，剪去残枝，集中销毁。秋末每 10 天浇施一次营养液，促进根系的生长，进入 11 月改浇水。入冬前灌冻水。

四、控制栽培

芍药的自然花期一般在 5 月初至 6 月中旬，部分杂种芍药品种在我国可以在 4 月中下旬开花，单株花期 7 ～ 10 天，与许多商品花卉相比，整体花期较短。芍药的控制栽培可分为促成栽培与抑制栽培两种类型。促成栽培是指通过采取某些方法促使芍药提早萌芽，加快生长，最终使花期早于自然花期的栽培方式；抑制栽培是指延迟芍药芽的萌发出土，减缓其生长速度，最终使花期晚于自然花期的栽培方式。通过控制栽培的条件调节花期，可以满足周年或多季供花的需求，同时可以运往我国更多的花卉市场，满足市场需求。目前，在我国秋冬季节可以看到少量芍药的鲜切花，这是因为许多国家利用促成栽培技术生产芍药鲜切花已投入冬季切花市场，同时南半球国家与北半球气候相反，正是种植芍药季节，然后出口到我国。相比之下，未见我国自己生产的芍药切花在春节市场大规模流通。此外，与芍药同属的牡丹目前在我国春季花卉市场具有较好的市场，芍药也需要在这方面努力，让芍药切花在春节市场大规模流通。

目前，花卉的花期调控研究主要集中在温度、光照、植物生长调节剂等因素上。芍药具有

冬季低温休眠的特性，其花芽必须经过一定的低温过程才能破除休眠而萌发继而开花。如果不经过足够的低温阶段，即使萌发了也不能开花。因此，进行芍药促成栽培的关键就是解除芍药休眠。研究表明，通过利用冷藏和赤霉素处理的方法解除芍药花芽休眠，再转入适宜生长的条件下培养一定时间，即可诱导芍药提前于春节开花。

芍药的促成栽培与抑制栽培具体操作如下。

（一）促成栽培（催花）

为使芍药提早开花，需要将其进行冷藏处理，一般 8 月下旬就可以进行。据试验，植株冷藏前作预冷处理较好，之后将芍药进行冷藏处理，在冷库内，用埋土冷藏法处理，芽微露。不同品种冷藏的温度和时间存在差异。据日本大川清等试验，用 0 ～ 2℃冷藏温度，早花品种需 25 ～ 30 天，中晚花品种需 40 ～ 50 天。低温下，花芽停止分化，结束处理后 5 ～ 10 天，花芽迅速发育。即使冷藏后立即栽植也不会影响开花。因此，如果 9 月上旬冷藏植株并栽植，加温到 15℃，则 60 ～ 70 天就可开花，12 月即可上市。若要到 1 ～ 2 月开花，推迟冷藏时间至 10 ～ 11 月（图 5-15）。

图 5-15　芍药催花（A. 上盆；B. 冷库冷藏；C. 出土；D. 植株显蕾）

（二）抑制栽培（延迟开花）

要使芍药开花晚于自然花期，在早春时挖起尚未萌芽的植株，置于冷库中，保持0℃低温和植株润湿状态。开花前50天左右进行常规栽培。若4～8月出库栽培，30～35天开花；3月或9月出库，45天左右就可开花。也可以在花蕾将近开放时进行冷藏，温度3～5℃，开花前2～3天就可取出正常栽培了，但是长期储藏会导致植株徒长，且占据冷库的面积较大。

—— ◆ 第三节 ◆ ——
病虫害防治

芍药在栽培过程中，经常会受到一些病虫害的影响，轻则生长不良，重则植株枯亡。目前针对芍药病虫害的研究并不多，存在具体病原物不确定、病害名称不统一、发病规律不清楚等问题。现以芍药病虫害研究调查为基础，结合实际防治经验和牡丹相关研究，总结相关内容，为芍药病虫害的防治提供参考。

一、病害防治

（一）灰霉病

灰霉病是芍药常见的真菌病害，能危害芍药的叶、茎、花等各个部位。

1. 症状表现

在欧美各国灰霉病主要表现为早春危害刚抽出的嫩茎基部和新芽，造成嫩茎腐烂枯死和芽枯，而我国主要表现为花期后侵染叶片。叶片发病时，病斑常见于叶尖或叶缘，呈褐色、椭圆形或不规则水渍状，较大且具不规则轮纹，湿度大时可迅速扩展至整个叶片，叶背长出灰色霉层，即病菌的分生孢子和分生孢子梗。发病叶片光合作用能力严重下降，组织坏死，最终干枯或腐烂。

叶柄或茎上也可发病，病斑为长条形，水渍状，暗绿色，后变褐色，凹陷软腐，受害植株常折倒。受害花瓣先产生水渍状病斑，后变褐色腐烂，病部覆盖灰色霉层，病斑向下延伸至花梗，严重时根冠也可发生腐烂。后期茎基部组织及表土病残部位形成黑色球形或不规则形小菌核。

2. 发病条件

芍药灰霉病主要由半知菌亚门（Deuteromycotina）葡萄孢属（*Botrytis*）的两种真菌引起，即牡丹葡萄孢（*B. paeoniae*）和灰葡萄孢（*B. cinerea*）。牡丹葡萄孢寄主范围较窄，主要侵染芍药科植物和少数其他植物；灰葡萄孢寄主范围广且腐生能力很强，目前已有超过200种的侵

染寄主。两种真菌所引起的症状没有明显区别，目前国内文献主要报道了由灰葡萄孢引起的芍药灰霉病，也有少量文献报道了由牡丹葡萄孢引起的芍药灰霉病。

病菌主要以菌核的形式在土壤及病残体上越冬，第二年菌核产生分生孢子，随气流、雨水等传播，发生初侵染。侵染后形成的病斑上可再产生分生孢子，从而引起一年内的多次侵染。由于潜伏期短，病害迅速蔓延。

持续低温和潮湿的天气容易导致发病，春季至初夏 4 ～ 6 月和秋季 9 ～ 10 月为一年中的两个发病高峰。温室大棚内栽培芍药，因为棚内温度适宜、湿度较大，十分有利于灰霉病的发生。露地栽培芍药时，种植过密、氮肥施用过多、浇水不当，也会营造一个适合灰霉病发生的环境。

3. 防治方法

（1）高垄栽培，覆盖地膜地布，采用膜下灌溉；并控制植株密度，去除多余的侧蕾，防止植株倒伏，从而控制田间下层空气湿度。

（2）秋季剪除所有地上部分，清除田间散落枯叶，并集中销毁。

（3）植株栽植前用 70% 可湿性代森锰锌粉剂 300 倍液浸泡块根 10 ～ 15min。对于前作发生灰霉病的土壤，种植前每亩撒施 25% 多菌灵可湿性粉剂 5 ～ 6kg，而后耙入土中，充分混匀。

（4）嫩芽出土时喷洒 1：1：150 波尔多液或 50% 多菌灵 1000 倍液预防保护。每次雨后喷洒 1：1：150 波尔多液进行防护。

（5）当芍药花期病株率达到 1% 时，及时用药，每 7 ～ 10 天喷一次，连续喷 3 ～ 4 次。可选药剂包括 50% 速可灵可湿性粉剂 800 ～ 1000 倍液、50% 多霉清可湿性粉剂 700 ～ 800 倍液、50% 多菌灵可湿性粉剂 500 ～ 600 倍液、50% 灰霉宁可湿性粉剂 500 ～ 800 倍液等。

（二）白粉病

白粉病是芍药常见真菌性病害，在世界范围内广泛发生，主要危害植株叶片和茎，其中以叶片受害最重。

1. 症状表现

5 ～ 6 月发病初期，叶片正面或背面上出现细小（1 ～ 2mm）白色小圆斑，随后圆斑面积逐渐扩大，导致嫩叶皱缩、新梢卷缩，同时在成熟叶上相互连接，逐渐覆盖叶片。病害发生严重时，植株地上部全部感病，密覆一层白粉（图 5-16，图 5-17）。8 ～ 9 月开始，在白色的粉末层中间形成黄白色的小圆点，后逐渐变为黄褐色或黑色，即白粉菌的子实体。严重时可导致叶片枯萎，提前脱落，植株地上部分萎蔫死亡。

2. 发病条件

关于芍药白粉病的病原菌，国内外都有较多的研究，但在鉴定结果方面存在一定差异，不

图 5-16　发病植株

图 5-17　发病叶片

同的结果包括 *Erysiphe polygoni*、*Erysiphe ranunculi*、*Erysiphe aquilegiae*、*Erysiphe paeoniae* 等。这可能和病害的发生地区有关，但上述四种病原菌在国内都有被报道。

病菌主要以闭囊壳和菌丝体在田间病残体上越冬，第二年条件适宜时释放子囊孢子，借气流或水珠飞溅传播，引起初侵染。生长季病斑上产生的分生孢子靠气流传播，从气孔进入组织内吸取叶片的养分，不断引起再侵染。

白粉病在 10 ～ 25℃均可发生，但能否大面积的发生取决于湿度和寄主的长势。白粉菌分生孢子在较低空气湿度便可萌发，但高湿条件下萌发率明显提高。因此，田间湿度大的情况下，白粉病流行速度加快。同时高温干燥有利于分生孢子繁殖和病情扩展，当高温干旱与高湿条件交替出现，周围又存在菌源时，白粉病极易流行。一般 5 ～ 6 月开花末期为初发期，随着气温的升高，7 ～ 8 月为盛发期。

3. 防治方法

（1）栽植时宜选高燥地带，使雨季能及时排涝，减少积水，降低小环境湿度。适当控制氮肥施用量，增施磷肥和钾肥，提高植株的抗病能力。

（2）秋末将地上部分全部剪除，集中烧毁。在休眠期喷洒石硫合剂，消灭病芽中的越冬菌丝或病部的闭囊壳。

（3）在生长期发病前可喷施保护剂，可自出芽起每隔一定时间喷洒，也可根据需要喷洒，如每次雨后施用。常用保护剂有 50% 硫悬浮剂 500 ～ 800 倍液、45% 石硫合剂结晶 300 倍液、50% 退菌特可湿性粉剂 800 倍液、75% 百菌清 500 倍液等。

（4）发病后喷施内吸剂，自发病初期每隔 15 天左右喷洒，内吸剂包括 50% 多菌灵 500 倍液、75% 甲基硫菌灵 1000 倍液等。发病较轻可采用白酒（酒精含量 35%）1000 倍液，每 3 ～ 6 天喷一次，连续喷 3 ～ 6 次，冲洗叶片到无白粉为止。并及时清理病叶、病花，拔除重病植株，集中销毁。

（三）红斑病

芍药红斑病是芍药常见的真菌性病害，主要危害叶片，也可危害茎、花等器官。

1.症状表现

发病初期，叶片背面出现绿色针头状的小突点。小点扩展缓慢，逐渐形成直径达7～12mm的暗紫红色病斑。叶面病斑长期保持暗紫红色，叶背为栗褐色，最后病斑中间枯焦，多数有轮纹，严重的使整个叶片枯焦。6月上旬以后，在潮湿的气候条件下，叶背会出现暗绿色霉层，为病菌的分生孢子梗和分生孢子。若病斑发生在叶缘，叶片常发生扭曲。从整株来说，下部的叶片先受害，到6月中下旬，发病较重的植株下部叶片多数已枯死。

嫩茎极易受害。在茎秆上，暗紫红色的病斑从针状小圆点缓慢扩展为3～5mm大小，中间开裂并下陷（图5-18，图5-19）。叶脉、叶柄上的病症和茎干上的相似。萼片和花瓣上的病症主要表现为边缘枯焦。

图5-18　发病植株

图5-19　发病叶片的背面

2.发病条件

病原物为牡丹枝孢菌（*Cladosporium paeonia*），属半知菌亚门（Deuteromycotina）芽枝霉属（*Cladosporium*）。菌丝生长的温度范围为8～32℃，最适温度20～24℃。在20～24℃时潜育期为5～6天，8℃时14天，且致病力降低。

病菌以菌丝体在病残株组织上越冬，翌年春暖，3月降雨或潮湿条件下，产生分生孢子。分生孢子借风雨气流传播，侵染萌发新株叶片，病斑多发生于植株的下部叶片。开花以后植株生长郁闭，湿度大，病菌扩展较快。

发病的早晚与春雨的早晚、降雨量的大小密切相关。春雨早、降雨量适中，发病早且重。此病的初次侵染过程很长，并可能只有一次再侵染。

3.防治方法

（1）选择排水良好的向阳地块，前作植物尽量不要有病原物的寄主，同时清除地块周围野生寄主。秋季剪除所有地上部分，清除田间散落枯叶，并集中销毁。休眠期喷洒 3 波美度石硫合剂，杀灭越冬菌源。

（2）高垄栽培，覆盖地膜地布，采用膜下灌溉；并控制植株密度，去除多余的侧蕾，防止植株倒伏，从而控制田间下层空气湿度。适当控制氮肥施用量，增施磷肥和钾肥，提高植株的抗病能力。

（3）芍药展叶后开始用药防治。开花前喷施 50% 多菌灵 1000 倍液；开花后喷洒 50% 的速克灵可湿性粉剂 1000 倍液或 140 倍等量式波尔多液，最好二者交替使用，每 10 天左右喷一次。

（4）发病初期，可喷甲基托布津可湿性粉剂 1200 倍液或 50% 多菌灵可湿性粉剂 1000 倍液，每 7 ～ 10 天喷一次，连续喷 4 ～ 5 次。

（四）根腐病

芍药根腐病是芍药危害最严重的根部病害，主根、须根和根茎部都可感病，老根感病最严重。

1. 症状表现

病害初期，在根部表皮形成一层黑斑，后病斑逐渐扩展，由表皮扩展到木质部到达髓部，根部腐烂死亡，根毛和肉质根失去吸水和养料的功能，造成地上部生长不良（图 5-20，图 5-21）。芍药植株感病后，地上部长势衰弱，叶片发黄，严重时枝条和叶片萎蔫，整株植株地上部枯死，发病重的地块会在短时间内造成大面积的植株死亡。根腐病在全年中均可发生，且酸性黏土病情更为严重。

2. 发病条件

病原物为茄腐皮镰刀菌（*Fusarium solani*），属半知菌亚门（Deuteromycotina）镰刀菌属（*Fusarium*）。同时，茄腐皮镰刀菌是土壤中常见的真菌，它不仅能够导致芍药的根腐病，更能引起大量重要栽培植物的根部病害，其中包括大花惠兰、非洲菊、西番莲、柑橘、鳄梨、辣椒、马铃薯、南瓜等。

图 5-20　发病根部及芽（李丽 供图）

图 5-21　发病根部剖面（李丽 供图）

镰刀菌为弱寄生菌，在土壤中大量存在，病害的发生需要一定的根部创口，而根地下害虫侵害的植株伤口为镰刀菌的侵入提供了有利条件。根结线虫、根螨和地下害虫危害的地块和重茬、土壤黏重、积水的地块发病重。

3.防治方法

（1）选择透水性和排水性良好的砂质壤土，避免选择前茬作物发生根腐病的地块；栽培前深翻土地，栽植前用杀虫杀螨剂防治地下害虫。

（2）高垄栽培，覆盖地膜地布，采用膜下灌溉，避免积水；适当控制氮肥施用量，增施磷肥和钾肥，提高植株的抗病能力。

（3）发病初期可用绿亨一号 3000 倍液、70% 甲基托布津 800 ~ 1000 倍液或 50% 多菌灵可湿性粉剂 1000 倍液灌根。

（五）炭疽病

炭疽病是常见的植物真菌病害，芍药亦常受害，多危害茎、叶、芽鳞和花。

1.症状表现

叶片发病初期出现较小圆斑，多为褐色，中央灰白色，边缘红褐，后期形成穿孔，病斑扩展受主脉及大侧脉限制（图 5-22，图 5-23）；茎受害后病斑多呈条状溃疡，并伴随茎的弯曲，幼茎被害则迅速枯萎；花瓣受害表现为出现粉红色小斑，并引起畸形花朵。发病严重时，可导致整株焦枯。

8 月后期，温度上升，病斑上常有轮状排列的黑色小粒点，即病原菌的分生孢子盘。此时若湿度较大，分生孢子盘内溢出红褐色黏孢子团，这是该病的特征病状。

图 5-22　发病植株

图 5-23　发病叶片背面

2.发病条件

病原物为胶孢炭疽菌（*Colletotrichum gloeosporioides*）。其寄主范围较大，已有报道的寄主包括牡丹、芍药、蝴蝶兰、君子兰、百合、凤梨、栀子花、茉莉、蜡梅、山茶、三色堇等。

菌丝体在病叶或病茎上越冬，第二年分生孢子盘产生分生孢子，借风雨传播，从伤口侵入危害。每年 7～9 月高温多雨发病严重。

3.防治方法

（1）选择排水良好的向阳地块，前作植物尽量不要有病原物的寄主，同时清除地块周围野生寄主。秋季剪除所有地上部分，清除田间散落枯叶，并集中销毁。

（2）适当控制氮肥施用量，增施磷肥和钾肥，提高植株的抗病能力。

（3）发病初期及时施药，常用药剂可有 80% 炭疽福美可湿性粉剂 800 倍液、50% 多菌灵可湿性粉剂 500～800 倍液、50% 甲基托布津可湿性粉剂 500～800 倍液、36% 甲基托布津悬浮剂 500 倍液、50% 多硫悬浮剂 500 倍液等。每 7～8 天喷一次，连喷 2～3 次，喷药遇雨后补喷。

（六）白绢病

白绢病是芍药重要的苗期真菌病害，发生普遍，危害严重。还可危害香石竹、菊花、百合等花卉。

1.症状表现

主要危害根颈部，初为水渍状褐色小斑，后组织湿腐，产生白色绢丝状菌丝体，菌丝蔓延到茎基部及附近的土壤表面，后期产生油菜籽大小的茶褐色球形菌核。植株发病后，茎基部及根部皮层腐烂，水分和养分的输送被阻断，叶片变黄凋萎，全株枯死。主要特征为在土表或植株基部出现白色菌丝体。

2.发病条件

病原物为齐整小核菌（*Sclerotium rolfsii*），属半知菌亚门（Deuteromycotina）小菌核属（*Sclerotium*）。

病菌一般以成熟菌核及菌丝体在土壤、被害杂草或病株残体上越冬，菌丝和菌核可在病残体上存活多年。土壤带菌是主要初侵染来源，初侵染后以菌核和菌丝蔓延进行再侵染。病菌菌丝可直接侵染茎基部或根部，而不需要创口。

高温高湿有利于发病。地势低、排水不良、土壤湿度过高及日照不足的地块发病严重。土壤中留有未腐熟的根、茎、叶或病株残体，对病害的发生有促进作用。在高温干燥后降雨而又转晴的条件下，易造成白绢病的大流行。而土壤腐殖质丰富、含氮量高、微生物丰富、土质比较疏松的地块发病较少。

3. 防治方法

（1）合理轮作。禁止连作或与其他感病寄主轮作，最好是水旱作物轮作。选高燥地种植，避免耕翻后的表层土壤重新翻出土面。并注意排水，做到雨过土干。

（2）为了预防发病，可用 70% 五氯硝基苯粉剂 2.5kg/ 亩或 30% 菲醌 1.5kg/ 亩，拌 50kg 干细土，混和均匀后，撒在播种沟内，然后进行播种。可每亩用石灰 50kg 进行土壤消毒。

（3）发现病残体、杂草要及早清除烧毁或深埋。生长期发现病株立即拔除，病穴中撒石灰粉消毒。

（4）发病初期，在苗田内，每亩撒施 70% 五氯硝基苯粉剂 2.5kg 后松土，使药剂均匀入土中。也可用 50% 多菌灵可湿性粉剂 500 ～ 800 倍液，或 50% 托布津可湿性粉剂 500 倍液，或 75% 百菌清可湿性粉剂 600 ～ 800 倍液，或 50% 克菌丹 400 ～ 500 涪液，或 25% 萎锈灵可湿性粉 500 倍液，浇灌苗根部，可控制病害的蔓延。

（5）可用哈茨本霉麸皮培养物进行生物防治。具体做法是用麦麸 10kg，加水 3kg 拌湿，放在蒸笼里蒸 1h，待麦麸凉后，拌入木霉菌种 250g，拌均匀即可施用。施在植株根部或茎基周围，使土壤中木霉大量生长繁殖，可大大抑制白绢病的发生和蔓延。

（七）轮斑病

轮斑病是芍药常见的真菌性病害，主要危害叶片。

1. 症状表现

初期叶上产生圆形或半圆形病斑，褐色至黄褐色，直径，同心轮纹明显。发病后期病斑上形成淡黑色霉层，为病原菌分生孢子梗和分生孢子。发病严重时整个叶面布满病斑而枯死。

2. 发病条件

病原物为芍药轮斑尾孢（*Cercospora paeoniae*）。病菌以菌丝体和分生孢子在病残体上越冬，次年产生分生孢子引起初侵染。分生孢子通过风雨、浇水等传播，多以伤口侵入。以后又不断通过分生孢子引起再侵染，扩大危害。常在 7 ～ 9 月发病，多雨和露水重的天气发病重。

3. 防治方法

（1）高垄栽培，覆盖地膜地布，采用膜下灌溉；并控制植株密度，去除多余的侧蕾，防止植株倒伏，从而控制田间下层空气湿度。

（2）适当控制氮肥施用量，增施磷肥和钾肥，提高植株的抗病能力。

（3）春季、秋季彻底清除田间病株残体集中烧掉或深埋，及时中耕，切断菌源传播途径。

（4）7 月中旬喷洒一次 1∶1∶150 波尔多液保护植株。发病初期用 50% 代森锰锌 500 倍液，或 50% 万霉灵 600 倍液，或 50% 克菌丹 500 倍液，或 50% 多菌灵 500 倍液，或 70% 甲基托布津 800 倍液喷雾 2 ～ 3 次。

（八）锈病

锈病是芍药的一种真菌病害，与松树的孢锈病相伴发生。

1. 症状表现

叶片被侵染后，叶面无明显病斑，或有圆形、不规则形褐色小斑，叶背着生黄褐色小疱斑，破裂露出黄色粉堆，即夏孢子堆；后期叶背出现丛生或散生的暗褐色、纤细的毛状物，即冬孢子堆。条件适宜时，夏孢子可反复产生和侵染，造成叶片自下而上枯死（图5-24，图5-25）。

图 5-24　发病叶片背面
（图片来源："http://www.arbofux.de/" by em be）

图 5-25　冬孢子堆
（图片来源："http://www.discoverlife.org" by Malcolm Storey）

2. 发病条件

病原物为松芍柱锈菌（*Cronartium flaccidum*），属担子菌亚门（Basidiomycotina）柱锈菌属（*Cronartium*）。该菌为转主寄生菌，转主寄主包括黑松、红松、云南松、马尾松。松树一旦感染，菌丝在其韧皮部可多年生长，即可连年产生锈孢子扩散侵染芍药。

6月中下旬松树上产生锈孢子，借风或昆虫传播到芍药叶背面，经几天潜育，芍药叶背面出现褪绿斑点，并逐渐产生黄色粉堆，即夏孢子堆。7月中下旬，逐渐形成暗褐色毛状的冬孢子柱。8月初冬孢子柱产生担孢子，飞散到松树针叶或嫩皮部侵染越冬。

此病一般在七八月雨水连绵、光照时数少的季节发病。尤以地势低洼、排水不良处发病最重。

3. 防治方法

（1）选择排水良好的向阳地块，高垄栽培，覆盖地膜地布，采用膜下灌溉；并控制植株密度，去除多余的侧蕾，防止植株倒伏，从而控制田间下层空气湿度。适当控制氮肥施用量，增施磷肥和钾肥，提高植株的抗病能力。

（2）秋季枯萎时，割除地上部分，集中烧毁或深埋，减少越冬菌源。清理附近松树病株，将芍药锈病的防治与松树的孢锈病防治相结合。

（3）新叶展开后开花前用粉锈宁 1500 ～ 2000 倍液，或 50% 代森锰锌 500 倍防治。

（4）发病初期用 15% 粉锈宁 800 ～ 1000 倍液、62.25% 仙生 600 ～ 800 倍液、20% 萎锈灵 400 ～ 500 倍液，或 97% 敌锈钠 400 倍液喷雾 3 ～ 4 次。病害严重时还可以 25% 粉锈宁乳剂 1000 ～ 1500 倍液与敌锈钠交替使用，能明显提高防治效果。

（九）茎腐病

茎腐病是芍药的一种真菌性病害，可危害芍药的茎、叶和花芽。

1. 症状表现

初期近地面茎部形成褐色水渍状病斑，后病斑腐烂，植株枯萎死亡。嫩枝染病则迅速枯萎腐烂。湿度大时病斑上形成白色棉絮状菌丝体，并产生大量黑色菌核。

2. 发病条件

病原物为核盘菌（*Sclerotinia sclerotiorum*），属子囊菌亚门（Ascomycotina）盘菌属（*Sclerotinia*）。

病菌以菌核侵入死的染病植株上，并存留在土壤中，以菌核在病残体和土壤中越冬，当土壤湿润时菌核萌发产生子囊盘。子囊孢子可被风传播至几千米外。子囊孢子侵入老弱寄主，释放一种霉分解细胞或薄壁组织，形成菌丝并产生坏死组织。

3. 防治方法

（1）选择排水良好的向阳地块，高垄栽培，覆盖地膜地布，采用膜下灌溉；控制植株密度，去除多余的侧蕾，防止植株倒伏，从而控制田间下层空气湿度。

（2）在菌核形成前，及时拔除病株深埋，对病株附近土壤进行消毒。

（3）病害发生时用 75% 百菌清 600 倍液、70% 甲基托布津 800 倍液、65% 代森锌 600 倍液或 50% 苯莱特 1000 倍液喷雾防治，每 8 ～ 10 天喷一次。

（十）疫病

疫病是芍药的一种真菌性病害，可危害芍药的茎、叶和芽。

1. 症状表现

茎受害初期出现灰绿色油浸状斑点，后变为暗褐色至黑色，进而形成数厘米长的黑斑，病斑与正常组织间没有明显界限。下部叶片易受害，产生形状不规则的水渍状病斑，浅褐色至黑褐色，叶片逐渐枯死。根颈也能被侵染腐烂，引起全株死亡。

疫病症状与灰霉病相似，区别是疫病病斑边缘不明显且不产生霉层，而灰霉病病斑边缘明显。

2. 发病条件

恶疫霉菌（*Phytophthora cactorum*），属鞭毛菌亚门（Mastigomycotina）疫霉属（*Phytophthora*）。病菌发育温度最适温度约为25℃，最低10℃，最高为30℃；在35℃下经较久时间即失去生活力。

病菌以卵孢子、厚垣孢子或菌丝体在病残体和土壤中越冬，雨水飞溅和水流起主要传播作用。气温20～26℃、潮湿环境适宜其发展和传播，高温高湿且不通风时发病严重。所以树冠下垂枝多、四周杂草丛生、局部小潮湿等发病均较重。同时降雨频繁和雨量大的年份一般发病重。

3. 防治方法

（1）注意排除园地积水，控制植株密度，去除多余的侧蕾，防止植株倒伏，适时中耕锄草，保持园内通风透光。

（2）对根颈发病的植株，可于春季扒开根际土壤，刮除病斑，然后用石硫合剂消毒，再换无毒土或药土覆盖。

（3）发病较多时可喷布杀菌剂保护，药剂常用1：2：200波尔多液、65%代森锌可湿性粉剂600倍液，或乙磷铝、瑞毒霉等杀菌剂。

二、虫害防治

（一）根结线虫

危害芍药的根结线虫主要为南方根结线虫（*Meloidogyne incognnita*）和北方根结线虫（*Meloidogyne hapla*），其中南方根结线虫危害更重，在中国大多数地区都有分布，且寄主广泛。

1. 症状表现

根结线虫主要危害营养根，2龄幼虫进入营养根组织细胞内，吸取细胞的营养物质。4月下旬至5月上旬出现根尖膨大，5月中下旬形成根结。根结初为乳白色，6月底变褐色，其表面着生许多细短的侧根毛。

病株地下根部虽有明显症状，但地上部分一般不表现特殊症状。有的表现像植物受干旱，有的像营养不良，有的症状与缺素症相类似，表现叶片发黄、生长缓慢、落叶、落花和缓慢枯死等现象。严重时地上部植株矮小，叶片边缘褪绿变黄，逐渐枯黄，并向叶片中央扩展，致使叶片枯焦脱落。

2. 发生条件

病源线虫主要以卵及幼虫在土中越冬，卵在卵囊内发育，孵化成1龄幼虫，1龄幼虫在卵囊内脱皮后，破卵壳而出成2龄侵染幼虫，2龄侵染幼虫碰到植物须根即侵入嫩根，并在根皮和中柱之间危害，使头部与维管束组织接触，固定取食。被取食的细胞被诱导形成"巨型细胞"，作为线虫长期固定取食的部位。巨型细胞周围的细胞不断为巨型细胞提供营养物质，供线虫生长发育。刺激根部组织过度生长，形成不规则的大小不等的瘤，一个侧根或须根可以多达十余个瘤串生（图 5-26）。一旦这种关系建立，线虫就固定不动，然后在根内经过 3 次脱皮，发育成成虫。雌雄虫成熟后交尾产卵，卵聚产在雌虫后端的卵囊中。卵囊内的卵孵化后进入土壤，成为再次侵染的病源，因此该病的主要侵染源是带病的瘤根和带病的土壤。同时芍药田间的许多杂草是根结线虫的野生寄主，这增大了侵染源。

3.防治方法

（1）实行轮作。一般根结线虫在没有活寄主情况下，只存活一年左右。线虫发生严重的田块，改种抗（耐）虫作物如禾木科、辣椒、韭菜、甘蓝、菜花等或种植水生蔬菜，可减轻线虫的发生。

（2）可利用夏季高温休闲季节，起垄灌水覆盖地膜，闷土灭虫；或利用冬季低温冻垡等可抑制线虫发生。

（3）发现病根及时去除，病株周围穴施 15% 涕灭威颗粒剂毒土，每平方米用药 2～6g，掺入 30 倍细土拌匀后施用，并浇水。

（4）在秋季用 40% 甲基异柳磷乳油 1000 倍液浸根处理比病土处理防效优越，使用浓度低，浸根时间短，操作简便。

图 5-26　发病的芍药幼苗

（二）蛴螬

蛴螬为鞘翅目（Coleoptera）金龟甲总科（Scarabaeoidae）幼虫的统称，是地下害虫中种类最多、分布最广、给植物造成危害最重的一个大类群（图 5-27）。世界上已记载的金龟甲总科有 3 万种以上，我国已记载的蛴螬种类约 1800 种。其中危害农、林、牧草的蛴螬有 110 种以上，按其食性可分为植食性、粪食性和腐食性 3 类。其中，植食性中以鳃金龟科（Melolonthidae）和丽金龟亚科（Rutelinae）的一些种类为主。其食性广泛，危害多种农作物和花卉、苗木等，是蛴螬中危害最重的种类。

图 5-27 蛴螬

1. 症状表现

蛴螬是一种完全变态害虫，一生需经过卵、幼虫、蛹、成虫 4 个阶段。卵期 7 ～ 11 天，幼虫期 290 天左右，蛹期 20 天左右、成虫期 45 ～ 60 天。其成虫喜食果树、林木的叶和花器，咬食叶片造成缺损，严重的仅剩余叶脉的基部；幼虫则终生生活在土壤中，喜欢啃食刚刚种下的植物的种子、根以及块根、块茎，甚至幼苗等，造成缺苗断垄。

2. 发生条件

蛴螬在土壤中的活动（特别是垂直活动）与土壤温度关系密切，成虫活动适温在 25℃以上，低温与降雨天很少活动，闷热、无雨天夜间活动最盛。因此，蛴螬发生最重的季节主要是春季和秋季。土壤的湿度对蛴螬的发育有较大影响。当土壤湿度在 20% 左右时，蛴螬卵的孵化率最高，幼虫发育最快。土壤湿度过高或过低都会影响蛴螬的发育。

一般背风向阳地的蛴螬虫量高于迎风背阴地，坡地的虫量高于平地。地势与蛴螬发生量的关系，其决定因素归根结底是土壤温湿度，特别是土壤含水量。平川地、洼地土壤含水量较大，而阳坡不仅含水量适宜，且土温较高，有利于卵和幼虫的生长发育，这就构成了阳坡的虫量明显大于平川地、洼地的虫量。同时蛴螬对牲畜粪、腐烂的有机物表现出强烈的趋向性。

3. 防治方法

（1）化学防治主要采取的技术有药剂拌种、拌毒土、种衣剂、植物生长期根部施药、药枝诱杀等。化学药剂主要有辛硫磷、甲基异柳磷、丁硫克百威、吡虫啉、毒死蜱、敌百虫以及生物农药印楝素和除虫菊素等。

（2）为配合幼虫的防治，金龟子成虫的防治也同样重要。利用金龟子的趋光性，有条件的地区可用黑光灯、白炽灯或频振式杀虫灯诱杀成虫，以频振式杀虫灯的诱虫效果最好，每台灯可防治 1 亩左右地块；开灯期宜在 6 月中旬至 7 月上旬，即金龟子成虫扑灯盛期。

（3）有条件的地块实行水旱轮作，或仅在金龟子产卵高峰期至卵孵高峰期（一般 6 月中旬），浸水 12h，同样能起到很好的防治效果。

（三）蚜虫

蚜虫是世界著名的农林害虫之一，在芍药上也有发现，常聚集在植株的芽、花蕾、嫩叶或嫩枝上。

1. 症状表现

其以群体形式通过尖利的口器刺吸植物汁液，造成植物生长率降低、发育不良，出现叶斑、泛黄、卷叶、枯萎等不同症状甚至导致植株死亡。吸取植物养分的同时传播植物病毒，造成严重的间接危害，目前已知病毒的昆虫传播介体有 600 种，其中 275 种属于蚜虫，居世界传病毒昆虫之首。

2. 发生条件

空气湿度的变化显著影响蚜虫的生长发育及生活习性。蚜虫在湿度较大的条件下，其田间繁殖和扩散能力受到影响，从而影响蚜虫害年度发生的程度。湿度大时，蚜虫一般在植株上部活动；湿度小时，蚜虫喜好在植株根部或叶片活动。

同时温度对蚜虫生长发育的影响也很大，蚜虫只有在适当的温度范围内（15～30℃）才能快速生长发育。

3. 防治方法

（1）农业防治可作为蚜虫防治的辅助措施，合理的耕作制度与作物布局、调整播种期和收获期、选育抗蚜虫品种、合理施肥与灌溉、合理密植，以及加强田间管理等措施常可增强作物抗蚜力，改进植物的生理状态和田间小气候，使之不利于蚜虫的发生和繁殖。

（2）常用的药剂有有机磷类、拟除虫菊酯类、氨基甲酸酯类、新烟碱类等，施药时加入有机硅、植物油等助剂增加效果，最好采用施颗粒剂于根部、灌根、涂茎、涂叶、叶面喷雾等隐蔽施药技术，使农药吸到植物组织中去，发挥其内吸杀蚜保护天敌的作用。

（3）真菌、细菌、病毒等蚜虫病原性微生物也可应用于蚜虫防治，如白僵菌、绿僵菌、蜡蚧轮枝菌、菊欧文氏杆菌、禾谷缢管蚜病毒（RHPV）、链霉菌等病原微生物对蚜虫的防治都能取得明显效果。

（4）同时蚜虫的天敌种类很多，主要有捕食性和寄生性两类。捕食性的天敌包括：瓢虫、食蚜蝇、草蛉、小花蝽、蚜灰蝶等；寄生性天敌主要是寄生蜂，如菜蚜茧蜂、茶足柄瘤蚜茧蜂、白足蚜小蜂等。充分保护蚜虫的天敌，或人为放生天敌，同样可以在一定程度上防治蚜虫。

（四）介壳虫

介壳虫是花卉和果树上最常见的害虫之一。因为其能分泌蜡质物覆盖虫体，形成各种介壳，所以称为介壳虫。

1. 症状表现

介壳虫通常雄性有翅，具迁移能力；雌虫和幼虫一经羽化，终生寄居在枝叶或果实上，吸取植物汁液为生，造成叶片发黄、枝梢枯萎，严重时会造成枝条凋萎或全株死亡。此外，介壳虫的分泌物还能诱发煤污病，影响叶片的光合作用。

2. 发生条件

介壳虫繁殖能力强，一年发生多代。卵孵化为若虫，经过短时间爬行，营固定生活，即形成介壳。成虫喜栖息在树冠主枝阴面并在枝杈间产卵，在温暖潮湿的环境条件下易大量发生。多数介壳虫一年发生多代，以卵越冬，雄虫4月中、下旬化蛹，4月底5月初羽化成虫，与雌虫交配，产卵于树干周围石块下及土缝等处。介壳虫喜隐蔽环境，枝叶过密时利于其生存和繁殖。

3. 防治方法

（1）选择排水良好的向阳地块，控制植株栽培密度，去除多余的侧蕾和下部叶片，合理施肥，保持通风透光，使其生长健壮，提高观赏植物的抗虫性，可减轻介壳虫的危害程度。

（2）及时清除枝条上少量的介壳虫，可用刷子刷除，或用竹片刮掉。秋季剪除所有地上部分，清除田间散落枯叶，并集中销毁。

（3）若虫孵化盛期后，在未形成蜡质或刚开始形成蜡质层时，向枝叶喷施药液，每隔7～10天喷洒一次，连续喷洒2～3次，可取得良好的效果。药剂主要有40%杀扑磷乳油、噻嗪·杀扑磷乳油、40%速蚧克乳油、40%介克特乳油、10%蚧绝乳油等。

（五）蜗牛

蜗牛种类丰富，踪迹遍布全世界，从低海拔的盆地至高海拔的高山地带均有分布，是一种间歇性农林业害虫。国内有不少关于蜗牛危害的报道。

1. 症状表现

蜗牛取食的寄主极其广泛，它喜欢取食植物的嫩茎及嫩叶等鲜嫩多汁的部分，用齿舌刮取植物叶片，常造成叶片的孔洞和缺刻，严重时叶片被食光甚至整株植物被害。另外，蜗牛在植株上爬行时分泌的黏液及其留下的绳状粪便很容易污染叶片，诱发叶部病害，影响植株的生长。

2. 发生条件

蜗牛虽然种类繁多，但生活习性近似，喜欢生活在阴暗潮湿且腐殖质多的环境，惧怕强光刺激和照射。喜欢昼伏夜出，白天潜伏隐匿于石缝中、叶片背面、根部土壤中等地方，常于晴天的傍晚至清晨期间或浇水后出来取食活动，但阴雨天也可全天出来进行活动。另外，蜗牛雌雄同体，一般需异体交配方可产卵，交配过的两只蜗牛均可进行产卵活动，因此多雨季节常常会成为蜗牛的危害高峰期。

3. 防治方法

（1）选择排水良好的向阳地块，高垄栽培，覆盖地膜地布，采用膜下灌溉；并控制植株密度，去除多余的侧蕾，防止植株倒伏，从而控制田间下层空气湿度。

（2）春末夏初前进行中耕松土，破坏蜗牛平时的栖息活动场所，减少蜗牛发生基数。利

用蜗牛喜湿怕水这一特性，通过水旱轮作，改变蜗牛的栖息活动场所，使蜗牛长时间浸泡于水中而窒息死亡。

（3）在蜗牛发生较为严重时，可留出适当大小的杂草地用来引诱蜗牛，最后集中销毁。将醋、果汁等有芳香气味的东西配制成液体盛装于塑料盆中，在傍晚时放置于田间地面，蜗牛可被引诱到盆内淹死。

（4）一般杀虫剂对蜗牛防治效果较差甚至毫无防效，需要选择专门的杀螺剂，而且杀螺剂不宜与农药、化肥混合施用。在芍药苗期及封行前各撒施一次 20% 灭旱螺颗粒剂、6% 密达颗粒剂或 0.75% 除螺灵颗粒剂 7.5kg/hm^2，封行后第一次喷洒灭螺净可湿性粉剂 4.2kg/hm^2 或 80.3% 克蜗净可湿性粉剂 2.25 ～ 2.70kg/hm^2，之后间隔 15 ～ 20 天，再次进行喷雾。施药一般选择在蜗牛活动的傍晚进行。

可在阴雨天、清晨或傍晚蜗牛活动时期，将鸡或鸭子赶至田间啄食，但需要注意，放鸡鸭啄食必须避开芍药的幼苗期及花期，否则损失惨重。

第六章

观赏

芍药

育种研究

— • 第一节 • —
国内外芍药育种研究进展

一、国内芍药育种研究进展

中国是芍药组植物的野生分布中心之一，亦是芍药品种的栽培中心。中国栽培芍药有三千多年的历史，期间不乏有一些传统的优良芍药品种，如'黄金轮'、'莲台'、'西施粉'、'墨紫含金'等。专门记述芍药的谱记最早见于宋代，不过，流传最广现在能见到的完整的谱录，只有王观的《扬州芍药圃》，其中记载了31个芍药品种，由此可见我国很早就开始了芍药品种的培育工作。

中华人民共和国成立以来，我们在传统芍药品种的基础上，一度通过天然杂交和实生选育获得了不少新品种，如'种生粉'、'状元袍'、'粉池金鱼'等。但是由于中国芍药品种亲本起源单一，只有芍药（Paeonia lactiflora）一个种参与，所以后代变异幅度有限，性状不是特别突出。虽然中国分布有芍药组植物7种野生芍药，但在杂交育种方面其他6个野生种都未得到较好的开发利用。同时，对芍药组植物的重视程度不高，加之，新品种培育仍旧是采用中国芍药品种群内经天然杂交结合实生选育的方法，因此我国芍药组内杂交培育新品种的进程缓慢（侯祥云等，2013）。

近年来，我国研究者对芍药组植物的重视程度逐渐增加。少数研究者开始关注野生芍药的引育工作及芍药定向杂交育种工作。刘芳等（2003）采用菏泽和兰州的栽培芍药进行杂交育种，并将新疆野生芍药参与到杂交育种中；宋春花（2011）在杂交组合选配及（不）亲和性机理探讨方面获得一定进展；侯祥云等（2013）为培育早花芍药品种，以早花的川赤芍为亲本，设计杂交组合'粉玉奴'ד川赤芍'，对受精过程及心皮和胚珠进行形态观察，均存在异常现象，最终该杂交组合没有获得杂交种子，心皮结实率0；菏泽等地分别以草芍药（P. obovata）为亲本，与芍药品种杂交，获得若干开花比牡丹还早的品种，但花朵较小，且不育（杨柳慧等，2015）。为有效保护和合理开发利用西南野生芍药资源，杨勇等对我国西南地区野生芍药的地理坐标、生境和植物形态进行了调查，并根据调查结果，对野生资源合理开发利用与濒危物种保护提出了建议（杨勇等，2017）。笔者也曾尝试用引种到北京栽培的草芍药、川赤芍、块根芍药和美丽芍药作亲本与中国芍药品种群品种进行杂交，研究发现川赤芍和块根芍药与中国芍药品种杂交亲和性最差，杂交后心皮停止发育或胚败育，得到干瘪的种子，而美丽芍药和草芍药与芍药品种杂交均有获得种子，并出苗，其中美丽芍药亲和性更好。

除此之外，部分学者从国外引进优良的芍药品种，与中国芍药品种群开展远缘杂交培育综合性状优良的新品种，北京林业大学于晓南课题组在这方面做了大量的工作，通过杂交获得了3000多株的杂交苗，开花单株400多株，并从中挑选出了4个性状优良的后代，于2018年向美国牡丹芍药协会申请并获得了新品种国际登录，四个新品种分别命名为'富贵抱金'（'Purple Gold'）、'晓芙蓉'（'Morning Lotus'）、'粉面狮子头'（'Pink Lion King'）和'香妃紫'（'Sweet Queen'）（图6-1）。同时以16个芍药品种为材料，从倍性角度出发设计杂交组合，获得17株杂种芍药幼苗，其中父本均为多倍体杂种芍药品种，不同倍性的杂交组合的结实率差异显著。以芍药品种'朱砂判'为母本，与三个杂种芍药品种进行组内远缘杂交，均有一定结实，其中父本为四倍体杂种芍药的组合获得的真杂种苗均为三倍体。

　　伊藤芍药作为芍药与牡丹的组间杂种后代，在我国的育种起步较晚，大概开始于20世纪末，近十多年来也开始逐步有新品种育出。刘政安、王亮生和陈富飞于2005年在北京昌平陈富飞苗圃发现了我国第一个伊藤芍药品种'和谐'，经实验验证为芍药和紫斑牡丹杂交产生的后代。该品种目前是国际上知道的唯一一个以紫斑牡丹做父本培育出来的伊藤芍药品种。怀疑是在兰州和平牡丹园的育种人员未能及时采收杂交种子遗落到地里生长起来的植株，后移栽到北京昌平，因此亲本不可考。'和谐'花为紫红色，花瓣基部有明显的紫黑色斑块，单瓣型，花蕾类似牡丹，花盘革质，花粉极少，根系类似牡丹，有木质化的芯。冬季地上部分枯萎，仅基部宿存芽体，第二年继续萌发生成新枝（图6-2）。北京林业大学成仿云课题组在2004年以法国牡丹品种'金帝'为父本与中国芍药品种杂交，培育了许多伊藤芍药品种，如'京桂美'、'京俊美'和'京华高静'等。但因为父本是单瓣的黄色系牡丹，致使培育出的后代均为单瓣型。洛阳国家牡丹园刘改秀和其同事利用园区实生单瓣芍药与'海黄'等黄色系牡丹杂交，在2017

图6-1　四个国际登录芍药新品种（A.'富贵抱金'；B.'晓芙蓉'；C.'粉面狮子头'；D.'香妃紫'）

图 6-2　伊藤芍药品种'和谐'

年审定了 4 个伊藤芍药品种，分别为'金阁迎夏'、'橙色年华'、'黄蝶'和'黄焰'，这四个品种都是黄橙色系，半重瓣，花瓣基部有明显红斑。此外，河南洛阳国际牡丹园的张淑玲等也在进行伊藤芍药育种工作，但还未见有优良品种的报道。

目前，我国在伊藤芍药育种上整体处于起步阶段，育成品种多数和美国所育品种类似，伊藤芍药中白色、粉色、紫色、红色相对较少，在后期的育种中可以大胆尝试不同的父本材料进行杂交，或许会有新的突破。另外，伊藤芍药的反交在国内（以牡丹做母本，芍药做父本）还未见有成功的报道，未来如果通过调控芍药花期或者低温储藏芍药花粉，克服牡丹与芍药杂交花期不遇的问题，或许会有更多新品种问世。

总的来说，国内目前对于芍药组植物的育种工作还不足，丰富的种质资源也未得到充分利用。今后我们国家芍药育种工作应该将重点放在三个方面：一是充分利用我国野生芍药种质资源，培育具有早花、抗寒性状的品种；二是利用国外优秀的种质资源（种或品种），通过与国内品种杂交，获得新奇特性状；三是积极探索芍药与牡丹组间杂交领域，攻克远缘杂交不亲和性难关，培育出更多伊藤芍药新品种。

二、国外芍药育种研究进展

欧洲和美国是世界各地许多当代流行芍药品种的发源地，其中，欧洲还是野生芍药的分布中心（侯祥云等，2013）。19 世纪之前，欧洲主栽品种仅系荷兰芍药（*P. officinalis*）品种群（Martin，1997；Josef & James，2004）。清仁宗嘉庆十年（1805 年），约瑟夫从中国带走了品种名为'芳香'（*P. lactiflora* 'Fragrance'）的重瓣芍药，开启了欧洲优良芍药品种育种的先河（Martin，1997）。新培育出的优秀品种主要为中国芍药新品种和杂种芍药。1863 年英国 Kelways 芍药苗圃首次培育出自己的第一个芍药新品种；同样是 19 世纪，法国育种家 Victor Lemonine 杂交培育出现在仍流行的一批芍药品种，如 'Sarah Bernhardt'（Martin，1997）。随后，美国育种家如 Klehm 家族、Hollingsworth 家族等也加入并培育出许多芍药新品种。英国的 Kelways 芍药苗圃还可能开创了杂种芍药形成的先河，据考证他们于 1890 年将南欧芍药（*P. mascula* subsp. *mascula*）用于杂交并获得种子；20 世纪初法国育种家 Lemoine 利用高加索芍药（*P. wittmanniana*）与中国芍药杂交，培育出 'Le Printemps' 等 3 个杂交品种。美国育种家的芍药属种间杂交育种工作开展相对欧洲较晚，却取得了不菲的成绩。其中著名的当是被誉为'现代杂种芍药之父'的 Saunders 教授，他自 1905 年开始用中国芍药品种与 *P. macrophylla*、*P. peregrina* 等其他种质资源进行种间杂交，从而形成了著名的 Saunder 杂种芍药系列，优良品种甚多，如 'Chalice'、'Frielight'、'Cream Delight' 和 'Carina' 等。杂种芍药品种群的形成可谓是欧美国家芍药组内杂交育种成果的重要体现，这些品种茎秆粗壮、花色丰富奇特、多为单枝单花，并且将芍药的花期至少提前了半个月。APS 在 90 年间评出的 50 余个芍药属金奖品种中，杂种芍药数量高达 18 个。APS 金奖品种中，芍药组品种约占 85%，比例如此之大，大概与欧美国家重视切花芍药的发展有关（于晓南等，2010）。

　　芍药与牡丹的组间杂交育种曾一度被认为是不可能实现的。但是在 1948 年，日本著名育种家伊藤（Toichi Itoh）利用日本的芍药品种 'Kakoden' 为母本与牡丹的黄色系品种 'Alice Harding' 杂交成功，得到了 36 粒种子并培育成苗。随后美国育种家 Louis Smirnow 带回杂种幼苗进行培养，杂种苗于 1963 年第一次开花。之后 Louis Smirnow 在 1974 年登录了 'Yellow Crown'、'Yellow Emperor' 等 4 个著名的新品种，这些新品种的诞生在欧美牡丹芍药育种家中引起了巨大的轰动。许多的国外育种学家都开始尝试这种杂交方式，并获得了许多优良品种。后来，美国牡丹芍药协会为了表彰 Itoh 的突出贡献，将这类组间杂种称为伊藤杂种（Itoh hybrids），或伊藤芍药品种群（Itoh group）。伊藤芍药杂种优势明显，具有生长势强、株型优美、花朵似牡丹、抗寒抗病、花色花型丰富、花期长等优点。该类群也被认为是芍药属育种的新星和未来的发展趋势之一。

　　多年来，通过众多育种家的不断努力，伊藤芍药这一概念的范围在不断扩大。除了以中国芍药品种群的品种作母本与牡丹亚组间杂种种杂交的后代外（图 6-3），也出现了芍药作母本，其他牡丹作父本（滇牡丹和紫斑牡丹栽培品种等）的后代，如 'Dark Eyes' 和 'Unique' 等；伴随芍药花期调控和花粉保存技术的提升，以牡丹（牡丹亚组间杂交种和传统栽培牡丹等）作母本，中国芍药品种群的品种作父本的杂交后代也出现了，如 'Impossible Dream'、'Momo Taro'、'Reverse Magic' 和 'Yes We Can' 等（图 6-4）。这些类型的后代目前都被归入到伊藤芍药品种群当中。经过半个多世纪育种人的不断努力，不断有伊藤芍药新品种涌现，迄今已有 100 多个品种在美国牡丹芍药协会进行了国际登录，而且还有不断攀升的趋势，仅从 2018 年上半年登录的数据来看，登录芍药属品种共 69 个，其中伊藤芍药有 24 个，占了 1/3 以上。

图 6-3　中国芍药品种群品种 × 牡丹亚组间杂种（A.‘Old Rose Dandy’；B.‘Lemon Dream’；C.‘Going Bananas’）

图 6-4　牡丹 × 中国芍药品种群品种（A.‘Impossible Dream’；B.‘Momo Taro’；C.‘Reverse Magic’）

（图片来源：美国芍药牡丹协会）

　　综上所述，国外为观赏芍药育种做了大量的工作，成果显著，尤其是欧美国家。其次，不论是中国芍药品种群还是杂种芍药品种群，许多新品种均有中国芍药种质资源的渗入。此外，荷兰芍药（*P. officinalis* subsp. *officinalis*）、高加索芍药（*P. daurica* subsp. *coriifolia*）、川赤芍（*P. anomala* subsp. *veitchii*）、多花芍药（*P. emodi*）、黄花芍药（*P. daurica* subsp. *mlokosevitschii*）、大叶芍药（*P. daurica* subsp. *macrophylla*）、巴尔干芍药（*P. peregrina*）、细叶芍药（*P. tenuifolia*）、摩洛哥芍药（*P. coriacea*）等 9 个种亦被成功应用于种间杂交（Martin，1997；李嘉珏，1999；秦魁杰，2004）。国外学者还针对部分野生种如荷兰芍药（Emilie et al.，2007）、伊比利亚芍药（*P. broteroi*）（Alfonso et al.，1999；Alfonso，2002）的生殖生物学特性开展了研究，为进一步发掘这些野生种质在杂交育种中的应用奠定了理论基础。

—▸ 第二节 ◂—
杂交育种

　　育种是指通过引种、选种、杂交育种以及生物技术育种或者良种繁育等手段改良植物原有性状而创造新品种的技术与过程。目前，芍药的育种主要还是采用传统的有性杂交育种方式。杂交育种是实现芍药种质创新的有效途径，尤其是芍药组内及组间远缘杂交，可以打破种、组间的杂交障碍以获得更大的遗传变异，把不同种、组优良性状结合起来，是实现芍药品种改良和种质创新这一目标的一条重要和有效途径。通过杂交育种，把亲本的有益性状综合在一起，创新种质，获得较强的杂种优势以形成新的品质性状和对病、虫、寒、旱、涝等胁迫的抗（耐）性状等。

　　关于芍药的新品种培育在多数人看来是件非常了不起的事情，但其实是非常容易操作的。据文献记载，中国是最早开始培育观赏芍药的国家，但是在 20 世纪之后美国芍药育种异军突起，大量新品种不断涌现，成为世界芍药发展的中心。美国之所以后来居上，很重要的原因是全民参与芍药育种，不同行业退休的老先生和老太太没事就在自家花园做芍药杂交，不经意间就诞生了一个芍药新品种。美国"现代牡丹芍药杂交育种之父"Saunders 教授在退休之前是研究化学的，退休之后才开始从事牡丹、芍药育种工作，这个非专业人士却培育出了 200 多个优秀的牡丹、芍药新品种，其中很多品种迄今还在流行，例如：'海黄'（'High Noon'）、'五月丁香'（'May Lilac'）等。希望大家在看到此书的时候，思考一下是否也可以学习美国，让更多的人能参与到芍药的新品种培育中来，既可丰富自己的业余生活，也为中国芍药事业添砖加瓦，何乐而不为。

一、明确育种目标

　　培育芍药新品种，先要明确希望得到什么样的芍药，即育种目标。芍药目标性状包括有花色、花径、花型、花香、花期、茎粗、株高、花枝数量、耐性（耐高温、耐阴、耐水湿等）、抗病虫害等。比如芍药中黄色花较少见，我们可以通过以黄色花芍药为亲本培育更多的开黄花的芍药品种（图6-5）；芍药花期普遍在 5 月中下旬，可以培育更多的早花品种和晚花品种，延长整体的观赏周期；中国芍药品种茎秆大多数较细弱，可以培育出茎秆粗壮直立的品种（图6-6）；中国芍药大多为一茎多花，可以培育更适合作为芍药鲜切花的单茎单花品种等。

图 6-5　黄花芍药（*Paeonia daurica* subsp. *mlokosevitschii*）

图 6-6　品种茎秆粗细比较（A.'团叶红'；B.'Old Faithful'）

二、选择杂交亲本

选择合适的杂交亲本是杂交成功的关键一步。首先，通过观测各个芍药品种的雌雄蕊发育情况和育性，如图 6-7 所示，了解它们是否可以作为父本或者母本。如'朱砂判'雄蕊完全瓣化，无法产生花粉，不能做父本，但是雌蕊发育正常，可以作为母本。杂交选择的母本必须是柱头正常的个体，即授粉后可以正常结实。父本要求必须能够产生有活力的花粉。

其次，掌握芍药品种的染色体倍性。中国芍药品种均是二倍体，杂种芍药品种存在二、三、四倍体三种倍性，伊藤芍药目前所知的均为三倍体。不同倍性之间杂交存在不亲和现象，一般来说二倍体与四倍体杂交结实率要高于二倍体与三倍体杂交。三倍体无论作为父本或母本，育性极差，一般不建议用于杂交。伊藤芍药因为为组间杂种，且为三倍体，极难产生种子，花粉的萌发力极低，目前仅有'巴茨拉'自然授粉得到种子，获得了品种'希拉里'。

最后，再根据育种目标选择合适的亲本。如果是想得到早花品种，所选的亲本至少一方是花期较早的品种；如果想得到开黄花的芍药品种，所选择的亲本也应该有黄花的品种；为了培育单枝单花的芍药，选择的亲本至少有一方应该是单枝单花。

图 6-7　芍药雌雄蕊（A、B 柱头正常，均可作母本；A 有正常花粉可作父本）

　　在实际操作中常常会遇到我们想杂交的两个品种的花期不遇。关于这个问题有两种情况：一是想作为母本的开花较晚。那么我们可以将父本花粉收集起来晾干，密封好放入冰箱冷冻层等母本满足授粉条件后再将父本花粉取出授粉。二是母本花期早于父本。这种情况有三种解决策略。南方芍药花期比北方早，让早花地区的朋友邮寄当年新鲜花粉（必须是干燥的，不然邮寄过程中会发霉变质）；第二种方式就是在了解到两个品种的开花特性后，前一年将晚花品种的花粉采集晾干，密封好后冻入冰箱，第二年母本满足授粉条件后将其取出授粉；第三种方法就是通过花期调控，使父本更早开花，采集花粉杂交。芍药属的花粉寿命普遍较长，干燥低温保存，通常可以在第二年继续使用。

三、杂交方法

（一）花粉的采集方法

　　选择已经透色且用手挤压已经松软的父本花蕾（图6-8），于晴天轻轻将花药和花丝一并摘下放入硫酸纸袋，放在干燥、无阳光直射的条件下阴干1～2天（图6-9，图6-10）。待花药开裂后轻拍花药至花粉完全散出，用花粉筛分离花粉、花药。将筛出的花粉收集于干净的小瓶中，贴上标签，放置在-20℃的冰箱储藏备用。

图 6-8　适合采集花粉的花蕾形态

图 6-9　花粉收集

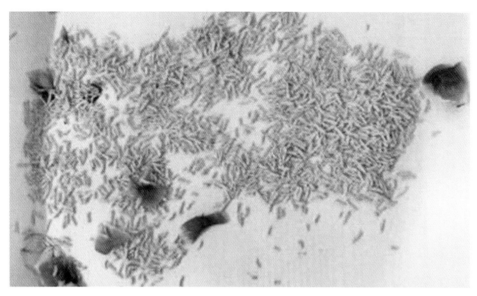

图 6-10　晾干花粉

　　此处值得注意的是，重瓣芍药品种往往在透色后花蕾还需要几天才松瓣，需要晚些时间采集花粉。但是，有个别品种在很早的时候就已经开始散粉了，等不到松瓣甚至透色时期，如'塔夫'（'Taff'）这个品种，花蕾还未完全透色就已经散粉了，所以我们在杂交中需要提前了解相关品种的生物学习性。

（二）人工去雄与套袋

　　于田间选择茎秆生长健壮、花朵发育良好的植株做母本，在母本花蕾露色期徒手将花瓣打开，将其雄蕊去除干净，然后用 10cm×16cm 的硫酸纸袋进行套袋，并用回形针扎紧袋口，标注去雄套袋时间（图 6-11）。对于需要作为母本的材料可在早期去除侧蕾，让更多的营养供给顶蕾。对于某些雌蕊部分瓣化的品种，可以通过早期去除顶蕾和部分侧蕾，这样可以使余下侧蕾雌蕊正常发育的概率提高，如'内穆尔公爵夫人'（'Duchesse de Nemours'）（图 6-12）。

图 6-11　去雄与套袋　　　　　　　　　　　　　　图 6-12　去除顶蕾后侧蕾雌蕊发育正常

（三）授粉及授粉后的处理

母本套袋 2～3 天，黏液开始分泌，密切观察柱头黏液分泌的情况，记录。当柱头刚开始分泌黏液时授粉第一次，连续授粉 3 天。授粉方法可以采用毛笔蘸取花粉授粉，均匀的涂抹柱头的边缘，借助黏液粘住花粉（图 6-13）。授粉过程中洗净毛笔，注意父本没有混杂，授粉完后，套袋上注明授粉时间和组合，做好记录。一般来说，授粉的最佳时间为早晨 8～9 点，此时随着气温升高，柱头活性增强，黏液分泌较多，傍晚 4～5 点为次佳授粉时间。

授粉后 7 天左右，柱头萎焉，表面黏液硬化后，可以去除硫酸袋，并立即挂上标签，做好记录，换上 11cm×16cm 的网袋，有效防止虫害和种子成熟后撒落到地里（图 6-14A、B）。杂种芍药做母本时可以使用更大号的网袋，因为其果荚一般比中国芍药品种群的品种大许多，这可能与杂种芍药大部分是多倍体有关，其种子也比较大（图 6-14C）。

四、种子采收

种子成熟的时间在 8 月左右，母本品种不同，种子成熟时间会存在差异。一般来说，花期

图 6-13　授粉及套袋操作

图 6-14　标记并换网袋（A. 吊牌；B. 换网袋；C. 杂种芍药果荚）

较早的品种，果实成熟相对也会较早。以引种到北京的块根芍药为例，其在北京开花的时间为4月中旬，种子成熟于6月。同时，北京地区种植的杂种芍药种子成熟时期一般在7月底至8月初，相对于中国芍药品种群的品种要更早一些，且杂种芍药果荚许多不易开裂。在同一品种群中，不同品种种子成熟时期也存在差异。总之，芍药种子要根据品种不同分批采收。

种子成熟前后密切观察果实的发育情况，以防成熟种子提前落地。等到果皮的颜色由绿色变为蟹黄色，或者果实腹缝线开裂，为种子的采收时间。在室内阴凉处晾几天，对采收的种子及时统计结实朵数，通过水选法去除发育不良的瘪种、空种后统计种子数，计算结实率（图6-15）。再将种子沙藏促进后熟或者冰箱冷藏（0℃附近）保持湿度，等种子统一采收完后一起播种。

五、播种

种子采收完毕，统计完结实情况后，对种子进行沙藏处理，时间约1个月，待到开始生根后即可播种到大田。

提前一周对播种地的土壤进行整地消毒。预先在播种地上撒上鸡粪改良土壤肥力，撒硫酸亚铁改良土壤酸碱度，按杀虫剂的用药比例撒入土壤杀虫剂。之后用旋耕机深翻土壤20cm，打碎土块，再去除大颗粒石块，精耕细作处理土壤，播种地处理好后备用。播种前，先按地块大小，画线估计好播种的行数，条播法播种，挖沟深度5～10cm，种子间距2～5cm。播种后，于沟里覆土，压实土壤，每条沟做畦以利浇水。播种后，边上用插排标明，并做书面记录，播种后浇透水（图6-16）。

六、幼苗管理

来年春天4～5月统计种子出苗情况，至5月中下旬，完成全部种子的出苗统计，计算发出苗率（图6-17A）。部分种子可能存在第一年不出苗，第二年才出苗的现象。一年生芍药幼苗较小，不好铺地膜，需要定期除草（图6-17B）。幼苗根系较浅，需要注意浇水，保持土壤湿润。小苗前两年可以搭设遮阴棚，侧方遮阴，可以有效防止幼苗死亡，同时可延长小苗绿期。为更好地促进苗子生长，充分利用土地，杂交苗一般两年后进行移栽（图6-17C）。播种后到开花需要3～5年时间。

育种最关键的是考虑清楚自己想获得的性状，在这个基础上开展育种工作，才能事半功倍。现在许多植物的育种中远缘杂交都在被广泛应用，被认为是获得有突破性新品种的有效途径。芍药属的新花色如黄色、鲑鱼色，花期的早花型和晚花型多数也是远缘杂交的产物。中国芍药育种现在很多还停留在近缘杂交上，远缘杂交开展较少，尤其是国内的野生芍药属资源有很多还未得到较好的利用，如牡丹组的四川牡丹和大花黄牡丹，芍药组除了芍药之外的其他野生种（川赤芍、草芍药、美丽芍药、新疆芍药、块根芍药、多花芍药和白花芍药等）。这些还未利用过的野生种，极具育种潜力，值得引起关注。

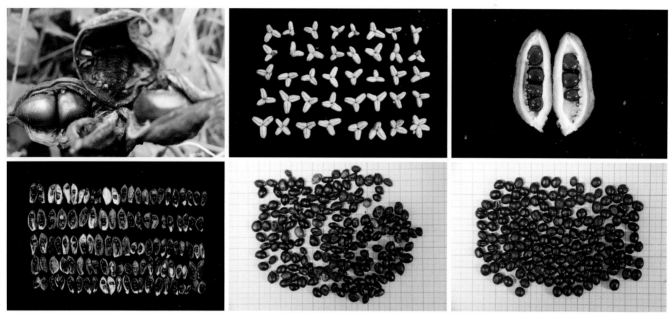

图 6-15 种子采收

图 6-16 翻地播种

图 6-17 出苗及后期管理（A. 出苗；B. 除草；C. 二年生苗移栽）

— ● 第三节 ● —
倍性育种

一、芍药组染色体倍性

（一）野生资源染色体倍性

芍药属染色体基数为 5，染色体数目为 2n=10 或 2n=20，属大型染色体。李懋学（1982）对中原牡丹三倍体品种'首案红'进行了报道，这是目前为止牡丹组中发现的唯一一个三倍体品种，其余均为二倍体。在芍药属中，仅芍药组野生资源中存在二倍体与四倍体的分化。在中国分布的野生芍药中，芍药、白花芍药、多花芍药、新疆芍药、块根芍药、川赤芍为二倍体（2n=2x=10），美丽芍药为四倍体（2n=2x=20），如图 6-18，草芍药存在二倍体和四倍体的分化。

（二）栽培品种染色体倍性

中国芍药品种起源单一，为芍药（*P. lactiflora*）种内品种间相互杂交育出，都是二倍体（2n=2x=10）。于晓南课题组 2017 年对 21 个芍药品种进行染色体核型分析，发现中国芍药品种均为二倍体，杂种芍药品种存在二倍体、三倍体和四倍体三种，在对芍药属 5 个伊藤芍药品种进行核型分析，发现均为三倍体，首次摸清了芍药属伊藤芍药的核型背景（表 6-1）。

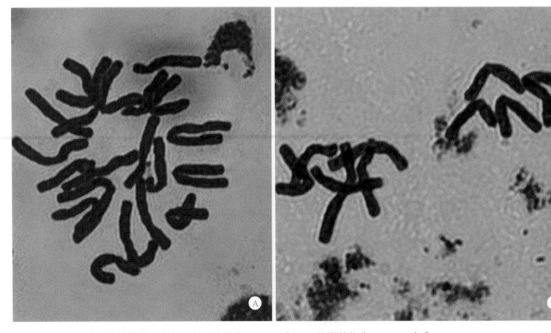

图 6-18　中国部分野生芍药核型图 [A. 美丽芍药（2n=4x=20）；B. 块根芍药（2n=2x=10）]

表 6-1　芍药品种染色体倍性

序号	品种名	品种群	倍性	序号	品种名	品种群	倍性
1	Buckeye Belle	Hybrid	三倍体	24	Garden Peace	Hybrid	四倍体
2	Charlie's white	Lactiflora	二倍体	25	Chalice	Hybrid	三倍体
3	Coral Sunset	Hybrid	三倍体	26	Border Charm	Itoh	三倍体
4	Duchesse de Nemours	Lactiflora	二倍体	27	Carina	Hybrid	三倍体
5	Edulis Superba	Lactiflora	二倍体	28	Command Performance	Hybrid	三倍体
6	Goldmine/ 黄金轮	Lactiflora	二倍体	29	Cytherea	Hybrid	三倍体
7	Kansas	Lactiflora	二倍体	30	Etched Salmon	Hybrid	三倍体
8	Karl Rosenfield	Lactiflora	二倍体	31	Fairy Princess	Hybrid	三倍体
9	Mons. Jules Elie	Lactiflora	二倍体	32	Going Bananas	Itoh	三倍体
10	Pink Hawaiian Coral	Hybrid	三倍体	33	Henry Bockstoce	Hybrid	三倍体
11	Red Charm	Hybrid	三倍体	34	Henry Sass	Lactiflora	二倍体
12	Red Magic	Lactiflora	二倍体	35	Joker	Hybrid	三倍体
13	Sarah Berhardt	Lactiflora	二倍体	36	Lemon Chiffon	Hybrid	四倍体
14	Sorbet	Lactiflora	二倍体	37	Lemon Dream	Itoh	三倍体
15	Taff	Lactiflora	二倍体	38	Little Red Gem	Hybrid	二倍体
16	John Harvard	Hybrid	三倍体	39	Many Happy Returns	Hybrid	三倍体
17	Lovely Rose	Hybrids	三倍体	40	Old Faithful	Hybrid	四倍体
18	May Lilac	Hybrid	四倍体	41	Old Rose Dandy	Itoh	三倍体
19	Brightness	Hybrid	三倍体	42	Prairie Moon	Hybrid	三倍体
20	Pink Teacup	Hybrid	四倍体	43	Roselette	Hybrid	三倍体
21	杨妃出浴	Lactiflora	二倍体	44	Roy Pehrson Best Yellow	Hybrid	四倍体
22	Cream Delight	Hybrid	四倍体	45	Scarlet O'Hara	Hybrid	四倍体
23	Athena	Hybrid	四倍体	46	Prairle Charm	Itoh	三倍体

序号	品种名	品种群	倍性	序号	品种名	品种群	倍性
47	Pink Cameo	Lactiflora	二倍体	51	朱砂判	Lactiflora	二倍体
48	粉玉奴	Lactiflora	二倍体	52	大富贵	Lactiflora	二倍体
49	种生粉	Lactiflora	二倍体	53	莲台	Lactiflora	二倍体
50	团叶红	Lactiflora	二倍体	54	高杆红	Lactiflora	二倍体

二、倍性杂交育种

多倍体的观赏植物一般具备花色、重瓣性、芳香和抗性较强等多方面的优良特性，因而具有更高观赏价值和商业价值。

芍药组内的种间杂交，存在远缘杂交障碍，而且还常存在不同倍性杂交障碍。据观察，与芍药组内二倍体种容易杂交的有细叶芍药、多花芍药；而芍药和日本产草芍药则几乎与所有的种都杂交困难。但近年来，菏泽等地分别以草芍药为亲本与芍药品种杂交，获得若干开花比牡丹还早的品种，但花朵较小且不育；由芍药与药用芍药（*P. officinalis*）杂交可以育出三倍体杂种（2n=3x=15），形态特征大体表现出双亲的中间性状。

在杂种芍药品种群中，性状表现优良的更多为多倍体，如表现出茎秆粗壮直立等。通过利用杂种芍药品种与中国芍药杂交或者杂种芍药品种间相互杂交培育性状优良的切花芍药，这一方法是可行的。于晓南课题组于2015年以芍药品种'朱砂判'为母本，与三个杂种芍药品种进行组内远缘杂交，均有一定结实，其中父本为四倍体杂种芍药的组合获得真杂种苗均为三倍体。

—•第四节•—
其他育种方法

芍药除了定向杂交育种外，还有其他的育种方式，如实生选种、芽变选种、分子标记辅助育种等。这些育种方法过去也为芍药育种的发展作出了贡献，同时在以后需要继续开展相关方面的研究工作，更好地为培育优良的芍药新品种服务。

一、实生选种

实生选种是指对实生群体产生的自然变异进行选择，将其中的优良单株经过无性繁殖获得新品种的方法。这是过去很长一段时间大家都在使用的方法，与定向杂交育种相比，可能需要更多的土地资源，但是会比较省时费力。对于很多爱好者来说真正去做杂交育种并不是非常现实的事情，但又非常想获得自己的新品种，那么只要你手里拥有一些品种，在它们开花时候，蜜蜂和人类活动会帮助完成授粉。这时你只需要等到秋天种子成熟后，将这些种子采收下来播种，待到三四年后或许也会有让你很惊喜的后代。

大家不要认为实生选种这个方法过时了，定向杂交后期也需要通过选择育种选出优良的后代单株。同时只要有时间和耐心，这也是一个非常有效获得新品种的办法。现在常见的中国芍药品种基本都是实生苗选出来的，育种人从地里收到自然授粉种子并播种，实生苗开花后再进行层层筛选，如'粉玉奴'、'种生粉'等。

二、芽变选种

芽变选种是指从发生优良芽变的植株上选取变异部分的芽或枝条，再将变异进行分离、培养、繁殖，从而育出新品种的方法。在芍药育种中，这种方法应用较少，但是国外也曾通过这个方法获得过少数新品种，如'White Emperor'这个伊藤品种，是由'Yellow Emperor'这个品种芽变而来（图 6-19A、D）。在栽培中我们也发现，伊藤芍药非常容易产生芽变，开出不同的花朵，有时这些花的性状还比较新奇，如我们发现'Lemon Dream'芽变产生了粉红色且具有玫红色条纹的花朵（图 6-19B、E）；'Garden Treasure'芽变产生了白色具有紫红色花斑的花朵（图6-19C、F）。我们可以通过扦插或者嫁接等方法将芽变固定下来，再进行繁殖，育出新的品种。

图 6-19　伊藤芍药品种及芽变（A.'Yellow Emperor'；B.'Lemon Dream'；C.'Garden Treasure'；D.'White Emperor'；E.'Lemon Dream'芽变；F.'Garden Treasure'芽变）

三、分子标记辅助育种

随着分子标记技术的发展，分子辅助选择、分子辅助育种逐步运用到芍药属植物的育种中。在进行育种材料早期选择时，根据分子遗传图谱对重要的分子标记进行选择，可以实现目标性状的早期鉴定，大大缩短了育种的年限，提高了育种效率。

芍药属植物从获得杂交苗，至第一次开花至少需要 3 ～ 5 年时间；再至性状稳定申请新品种则需要更长的时间。通过分子标记技术，构建芍药分子遗传图谱，对重要的分子标记进行选择，实现目标性状的早期鉴定，对减少人力、物力至关重要。蔡长福（2015）通过采用控制授粉杂交方式，用 3 株'凤丹'植株 M24、M49、M68 为母本，分别以日本牡丹'黑龙锦'和'花王'，中原牡丹'红乔'为父本，制备了 3 个规模较大的 F1 杂交分离群体。采用 SSR 标记技术，对这三个分离群体亲本进行多态性检测，结果表明：'凤丹'M24×'红乔'分离群体亲本间的多态性水平最高，19 对 SSR 引物共检测到 27 个多态性位点，亲本间遗传距离为 0.7070。因此，选取该分离群体作为构建牡丹遗传图谱的作图群体，构建了第一张牡丹高密度遗传图谱。但是在芍药中未曾报道分子遗传图谱构建成功，在这方面仍需要继续做大量的工作。

通过 SSR 分子标记构建观赏芍药新种质指纹图谱，可为进行种质鉴定和品种倍性辅助分析提供技术支持，也有利于理清芍药品种亲缘关系，科学利用新优种质资源，为推动育种工作的深入开展积累研究基础，具有十分重要的意义。于晓南课题组在 2015 年采用 SSR 标记构建了从欧美等地区引进、收集的 61 份观赏芍药新种质的指纹图谱。根据引物的多态性信息含量和shannon 遗传多样性指数大小，从 15 对候选引物中筛选出了 10 对多态性高且稳定性好的引物作为核心引物，首次构建了 61 个观赏芍药新种质指纹图谱，并编制了指纹代码（图 6-20）。其研究结果表明：被试种质资源的倍型丰富，有一条带、两条带，甚至出现了三条带、四条带；所绘制的图谱能够将所有品种（种）完全区分开。

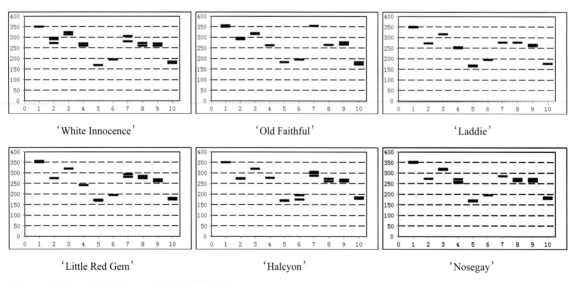

图 6-20　芍药 61 个品种的 DNA 指纹图谱（部分）

引自：季丽静 . 观赏芍药部分新种质 SSR 遗传多样性分析及 DNA 指纹图谱构建 [D]. 北京：北京林业大学 ,2013.

第七章

观赏 芍药 的应用价值

—·第一节·—
观赏价值

作为传统名花，芍药的用途极为广泛，集观赏价值、食用价值和药用价值于一身。它不仅被广泛应用于园林、庭院中，还是非常优质的切花，常被用于婚礼。同时，芍药也是药食兼用的花卉，它的根是著名的中药材"白芍"，在《本草纲目》中记载了与之有关的 12 种疾病调理配方。自古以来它也就常被用来做花茶、花粥、花饼等，进入了百姓的餐桌。

一、园林景观

（一）芍药专类园

芍药种质资源丰富，按花期分有早花、中花、晚花品种，按花色分有红色系、粉色系、黄色系、白色系、绿色系、紫色系、墨紫色系和雪青色系，花型则更为丰富，因此包容兼并的专类园成为芍药在园林中应用的主要形式。在公园、植物园等游赏之地都多有芍药专类园设置，通过组合栽植不同花期和不同花型花色的芍药品种，可以充分地延长芍药整体的观赏期，达到最佳的观赏效果，同时能够集中展示芍药多样的色彩和形态，建立起芍药品种收集与展示的科普教育基地。芍药专类园通常与牡丹专类园一起设置，二者同属于鲜艳夺目、给人视觉冲击感强烈的花卉，但牡丹花期在前，芍药花期在后，因此配植在一起可以带给人们两个多月的赏花体验，也便于游客比较二者的异同。在不同花期芍药品种选择上，早花品种可选择'粉玉奴'、'紫金魁'、'Roselette'、'Paula Fay'、'Little Red Gem'等，中花品种可选择'大富贵'、'朱砂判'、'Coral Sunset'、'Edulis Superba'、'Joker'等，晚花品种可选择'杨妃出浴'、'桃花飞雪'、'Duchess De Nermous'、'Henry Bockstoce'、'Old Faithful'等。暮春之初，不同品种的芍药渐次娉娉婷婷舒展娇颜，白色的梦幻、粉色的浪漫、红色的热烈、单瓣的娇羞、重瓣的热情，花团锦簇，好不热闹，令人沉醉其中，流连忘返。芍药专类园一般可分为规则式布置和自然式布置。

1. 规则式布置

当专类园面积较大、地势较为平坦时，通常使用规则式布置。在专类园内，规划几何形状的花池，采用间隔的手法区分开不同花期和色块，同一区域内将芍药按照不同的花期和形态组合，合理配置，等距栽植于内，同时要考虑不同芍药品种的植株高度，从游客的视点出发，较矮的品种在外，较高的品种在内。花池周围种植松、柏、槐、黄刺玫等木本植物，既能给芍药遮阴，又丰富了景观层次，改善了季相景观。规则式专类园较为著名的有北京景山公园中的牡丹芍药专类园、洛阳王城公园的牡丹芍药专类园和菏泽曹州牡丹园等。景山公园中收集了 350 多个芍药品种，十分丰富，将不同芍药品种规划种植在园区花池内，以小叶黄杨作隔离边界，防止芍药被攀折践踏，花开时绿草作底，红墙作衬，花朵灿烂，松柏镶嵌其间，是春季观赏芍药的一个绝佳之地（图 7-1）。

图 7-1　北京景山公园芍药园

2. 自然式布置

自然式布置通常依照园内的自然地形进行芍药栽植，并与假山、亭台、小品相结合，因地造景，创造出错落有致、富于变化的赏花空间。自然式专类园配置自然灵活，游客沿游览线路参观，步步为景，同时可与芍药更近距离的接触，便于仔细地观察、研究芍药的花部结构，比较不同芍药品种的区别，生成较强的体验感，起到科普教育的作用。

在选择芍药品种时，同样应注意花期、花型、花色等的选择搭配，在种植设计时，可采用孤植、丛植和群植等，并与其他乔木、花灌木相结合，在突出主题的同时丰富景观层次。主要以自然式布置的芍药专类园很多，其中比较著名的有北京市植物园牡丹芍药专类园、杭州花港观鱼牡丹园等。北京植物园中的芍药品种有 200 多个，专类园以西山为深远的背景，巧妙地利用山丘地形依势种植芍药，同时以题字置石、花架等小品点缀，融合文化意寓营建了芍药茵、倚红坡、寻芳谷和精品赏花区 4 个芍药观赏景点，将地形、建筑、小品和植物等园林景观要素完美地结合在了一起，在充分展现芍药现代之美的同时，又很好地体现了芍药内在的传统文化底蕴（图 7-2）。

实际情况中，在充分考虑地形地势等自然条件及不同品种芍药和其他植物搭配的基础上，营建芍药专类园往往是规则式与自然式混合应用，但以其中一种应用方式为主，有序的同时因地制宜，最大程度上给游客多样的体验，真正达到赏花与科普教育紧密联系的效果，实现了科学性、艺术性与实用性相结合。

图 7-2　北京植物园芍药园

（二）花台

芍药不耐水湿，在地下水位较高或降水较多的地方，可设置花台或落差平台栽植芍药，既有利于排水防涝，又给游客一个特殊的观赏视角。在我国传统的皇家园林如故宫、颐和园以及南方一些古典园林如留园、何园等，都可以见到各式各样的牡丹芍药花台。

花台高度一般为 50～80cm，单体面积一般比较小，也有规则式和自然式之分。规则式花台多使用砖块、水泥等建筑材料，筑成圆形或方形等几何形状的栽植床，将芍药栽植于内，远观即可睹其美丽之姿，花台边缘装饰以低矮的草本如玉簪、麦冬、万寿菊等。自然式花台多与山石阶梯相结合，在山石起伏间栽植芍药，看似随意实则精心规划，芍药依地势而栽植，高低错落，形成一个较为广阔的观花立面，并配植以松柏、紫薇、金叶女贞、紫叶小檗、连翘、迎春等植物，丰富生态和季相景观效果（图 7-3）。无论规则式还是自然式芍药花台，都要选择好合适的芍药品种，注意花期、花型、花色、株高、质地的搭配才能突出主题，同时还要选择和谐的背景，使得芍药花台与周围建筑、植物、水体等环境自然地融为一体。如在扬州何园中，以白色园墙作为背景，黛瓦白墙搭配鲜明的芍药色块，宛如一幅泼墨画（图 7-4）。

图 7-3　扬州瘦西湖自然式芍药花台

图 7-4　扬州何园芍药花台

（三）花带

　　花带可以充分利用园林绿地中的带状区域，延伸景观的视觉空间，又有极好的美化装饰效果。以芍药为主要种植材料布置成的花带，多设置在道路分车带、小径两侧等地，或沿庭廊分布。

　　芍药作为宿根花卉，一次种植可多年观赏、便于管理、节约成本，而且芍药整个生长期都有较高的观赏性，初春可赏或黄绿色或红色的嫩茎，花期可观明艳动人的芍药花朵，叶色浓绿、株型美观。然而，芍药单个品种花期相对于月季、波斯菊等道路绿化带常用花卉较短，不耐过强的光照，又因柔媚的姿态而让人误以为娇弱，且繁殖力较低，成本较高，在户外道路方面的应用实际上受到了一定的限制，但这些问题都可以通过一些手段来解决。单个品种花期短，但通过有针对性地规划选择不同花期的品种，整体花期可达一个多月，在春花谢幕夏花尚未登场的 5 月，芍药足以弥补赏花的空白期，独领风骚。芍药不喜强光，间植雪松、玉兰、碧桃、木槿等乔木都是很好的选择，既可以丰富季相景观、增加层次，又可以给芍药遮阴，避免强光直射降低芍药花朵的观赏性。只要给予适当的管理措施，芍药生命力很强，十分抗寒，且无需年年种植，成本在可控范围内。河南省洛阳市内凯旋路的分车带上，早有栽植芍药的实践。北京昌平地区也已经有公路将芍药作为分车带植物来种植，所选用芍药为传统的单瓣粉红品种'粉玉奴'，在花期时摇曳生姿，既起到了分隔空间的作用，又将道路装点的格外美丽，极大地缓解人们开车过程中的视觉疲劳。

（四）花境

　　花境是一种常用的且被高度欣赏的自然式花卉应用形式，芍药也是良好的花境材料，公园、社区、水畔、林缘旁都可以利用芍药营建花境，根据自然生长状态下花卉的分布规律，遵循科学性、艺术性、景观的可持续性等原则，考虑具体的花境主题，结合景观背景合理地进行规划设计，将芍药与其他植物自然组合种植（图 7-5A、B）。

图 7-5　芍药花境

在芍药花境的设计中，首先要注意合理安排不同植物的株高，丰富花境的结构层次，低矮的植物在边缘作前景植材，如银叶菊、麦冬、点地梅、玉簪、紫叶酢浆草等。中型的品种作过渡植材，如芍药、丝兰、羽扇豆等。高型品种作背景植材，如蜀葵、落新妇、地肤等。其次，要确定花境的基础色调，是清新淡雅还是活力四射，在奠定花境主色调的基础上，利用循序渐进或对比的手法，巧妙搭配不同芍药品种和不同植物的花色，同时考虑花境的背景，是较为空旷的大片绿色草地还是富有层次的林地边缘，做到与环境相融合，营造和谐的花境色彩。最后，要充分考虑不同花期植物的搭配，做到四季有景，芍药在花境中扮演的无疑是送春迎夏的主角，是春末夏初的过渡，同时在其他季节也要选择相应的植物突出观赏主题，共同构成丰富的季相景观。

二、庭院观赏

芍药株型多变、花色艳丽、花型丰富，深受民众喜爱，且管理较为粗放，无论在国内还是欧美的庭院中，都多有芍药栽培。庭院的空间相对较小，所能营建的景观尺度也较小，因此芍药在庭院中的应用比较灵活。

国内庭院多采用孤植或丛植的形式，在窗下或阶前植几株芍药，花开时便可随时欣赏其绰约风姿，也给庭院平添了几分活泼。面积较大的庭院里也可以采用群植的形式，栽植不同的芍药品种，或搭配其他植物营建小花坛或小花境，使整个庭院明艳芳菲，生机盎然（图 7-6A、B）。

国外庭院较为传统的方式是配置混合花境。芍药是欧美地区春末夏初的主体花卉之一，在确定好种植位置的基础上，通常选择株丛紧凑、开花繁茂、花梗竖立、色型优美的品种。同时，还考虑适宜的花卉与其搭配，常用的配景花材有鸢尾（*Iris tectorum*）、百合（*Lilium brownii*）、萱草（*Hemerocallis fulva*）等宿根和球根花卉。由于芍药根系较为庞大，在与其他花材搭配时，株行距宜为 50 ～ 80cm。除了观花之外，国外庭院中还经常利用芍药初春萌发的棕红色嫩芽、嫩叶，巧妙地与一些鲜绿色的园林植物搭配，从而使得芍药在早春就能拥有较高的观赏价值。秋天，

图 7-6　庭院中的芍药

一些芍药品种的叶子变红或变黄，色彩绚丽，适宜利用其秋色叶造景的种类及品种有黄花芍药（*P. daurica* subsp. *mlokosevitschii*）、川赤芍（*P. anomala* subsp. *veitchii*）以及芍药（*P. lactiflora*）等。

三、切花应用

芍药切花历史极为悠久，《诗经·郑风》中就有"维士与女，伊其相谑，赠之以勺药。"的记载，这是出现最早的芍药切花形式。宋·陶谷《清异录·花》中记载："胡峤诗'瓶中数枝娄尾春'，时人罔喻其意……"，这些都说明了古代就有了采摘芍药用以离别相赠或瓶插观赏的做法。19世纪20年代，大批的芍药开始出现在北美主要城市的鲜切花市场。现在，适宜做切花的芍药品种更加丰富，芍药俨然成为一种高档切花，应用形式多样，受到世界人民的喜爱，有着非常广阔的国际市场，产业发展也日趋成熟，且基本实现了周年供应。

（一）切花品种的选择

实现芍药切花的规模化生产，首先要选择合适的切花芍药品种。选择的标准主要包括以下几个方面：

（1）花茎坚挺，可切枝长，切花水养期长；

（2）花瓣质地硬，花朵向上开放；

（3）花蕾圆整，顶部不开裂，表面糖质分泌少；

（4）品种形状稳定，植株生长健壮，抗逆性强，病虫害少。

具体不同花型、花色品种的选择，要在充分调查芍药切花市场的基础上，考虑芍药切花的应用形式，了解消费者的喜好和当前的消费趋势后做出选择。目前国际上较为流行的芍药品种主要有'Sarah Bernhardt'、'Dr. Alexander Flemming'、'Duchess De Nemours'、'Kansas'、'Monsieur Jules Elie'、'Edulis Superba'等品种。

（二）插花

插花形式在中国流传久远，颇受人们喜爱。芍药茎秆坚挺、花大色艳，且品种丰富、仪态大方，因此是插花花材中的上品，一般作为主花材使用。早在宋代，扬州太守举办的芍药万花会上就有插花芍药的出现，当时是中国历史上最早的芍药插花展览。

适合于插花的芍药材料品种颇多，只要色彩鲜艳、形态优美、气味芳香都可做花材，如'大富贵'、'高杆紫'、'种生粉'、'巧玲'等。由于芍药色彩明丽，常用来表现春季的蓬勃生机。具体应用中根据想要表现的主题，选择一朵或几朵花大、色艳的芍药作为主材，点缀少许绿叶及其他花材，配一合理的容器即能组成一个优秀的插花作品（图7-7A）。

插花讲求一定的技法，并要传达出想要表达的寓意。首先要确定作品的主题，根据主题选择合适的花材，无所谓是否合适，只要能够与容器环境相协调，就是可以选择的好材料。插花

图 7-7　芍药插花

色彩的选择是能否构成插花美感的主要因素，不同的色彩都会引起不同的心理反应，要注意一个插花作品中不同花材的色彩搭配，也要注意与摆放环境的协调。插花容器是插花作品的重要组成部分，通常适用于插花的容器有瓶、盆、篮或木桶、罐、壶等生活用品，要依据不同插花造型和器皿的具体作用来使用，或承受花枝，或衬托花卉（图 7-7B）。

　　芍药水养期较短，在每年的花蕾显色（花期 4 月底至 5 月中下旬）时，我们可以待上午露水或其他水气干燥后采切，采切时用锋利的刀剪从母株上切割下芍药花茎来，将切口剪切成一个光滑斜面以增加花茎吸水面积，避免压迫茎部，以免引起微生物侵染。鲜花在离开母枝后生理功能受到破坏。为保持芍药切花的鲜艳，可以在插花的容器内加入保鲜剂，保鲜剂由碳水化合物、杀菌剂、生长调节剂、其他延长采后寿命的化合物等组成。

（三）花束

　　在赠予切花芍药时，多以花束的形式出现（图 7-8A、B）。无论是传统的临别赠予、节日赠予或是普通的赠予，还是装点日常美好生活的需要，根据所要表达的情感不同，品种纯洁美好，每种都可以非常贴切地传达对母亲的感恩和爱戴。5 月末是美国阵亡将士纪念日，因此在美国，芍药也被用作祭奠英雄的切花，向阵亡的英雄们表达崇敬之情。

　　芍药还经常被用作婚礼捧花。在美国，5 月被称为"婚礼月"，是新人集中举办婚礼的时期，而此时芍药正值盛花、花色艳丽、花型丰富、气味芳香，无疑成为婚礼用花的首选，因而又获

图 7-8 芍药花束

美誉"婚礼花"。此种应用形式目前在国内也有应用。芍药供选择的花型、花色较多,人们可以根据自己对不同色彩、质地、组合的偏好选择不同的品种,以满足不同主题婚礼的需求,例如白色代表经典、珊瑚色代表浪漫、淡粉色代表柔美等。除了盛开的鲜花,花蕾和初开的花朵也都可以加以利用。将芍药用在婚礼上代表了人们对幸福的生活、健康和财富的渴望,可以分别应用在新娘捧花、花车、桌花和蛋糕装饰花等不同位置的装饰,重瓣性高的品种更是营造"花瓣雨"的主角。

芍药切花的其他应用还包括宴会用花、家庭用花等室内装饰。芍药可以塑造成变化万千的花艺造型,进行重要的会场布置;或与满天星、补血草等切花随意搭配布置温馨居室;或仅用一枝来进行点缀营造氛围;甚至可以用几片花瓣置于盘内增加时尚色彩。与之相配的容器选择范围也较大,无论高雅、古典、时尚的容器风格,都可以选择不同的芍药品种与其搭配,获得恰到好处的效果。

四、盆花应用

芍药根系发达,而花盆空间有限,因此芍药盆花应用不多,但有很好的市场前景。盆花可以布置于室内,装饰家居环境,应用方便(图 7-9A、B),也可以通过促成或抑制栽培,反季节应用。若想进行成功的盆栽观赏不仅需要选择适宜盆栽的品种,还需要精细的栽培条件和养护措施,具体方法见第五章盆花栽培部分。

图 7-9　芍药盆花

—— 第二节 ——
食用价值

　　许多花卉都可以作为食品加工材料，如玫瑰鲜花饼、菊花茶等，芍药也不例外。食用芍药主要指利用芍药花瓣作食材和对芍药种子油的提取，芍药的食用价值主要基于其所含的丰富的营养物质，具有良好的保健功能，其次还因为其美味可口，同时美丽的芍药花瓣在视觉上也是一种享受。常规的营养物质主要包括蛋白质、可溶性糖、有机酸、脂肪、维生素和矿物质等，随着花卉保健功能的发掘，黄酮、黄酮醇、花青素苷、单宁等酚类化合物也被作为营养指标，而芍药中含有丰富的这些营养物质。芍药中营养物质的含量不仅与芍药品种有关，还与栽植地区和栽培环境有关，光照、温度和湿度都可能影响芍药的营养品质，在开发适宜食用的芍药品种时要注意考虑这些因素。

　　中华民族的饮食文化博大精深，芍药也有不同的食用方法。目前较为常见的是利用芍药花蕾或花瓣做芍药花茶、花粥、鲜花饼等，还可以利用芍药种子提炼籽油。

一、芍药花茶

　　花茶是利用花朵的鲜香和茶叶吸香的特性，在茶叶中掺加鲜花窨制而成，成为既有花香又有茶香的再加工茶。而芍药花本身具有较高的营养价值，因此也可以单独用来制作花茶饮用，能调节女性内分泌，促进新陈代谢，提高机体免疫力，也有养血柔肝之功效。

　　芍药花茶的制作方法：摘取芍药花置于室内阴凉干燥处，饮用时取一茶匙干燥花瓣，用滚烫开水冲泡，可调入冰糖、蜂蜜、绿茶、红糖等一起饮用，效果更佳。

　　另外，芍药花生地茶可以养阴清热，柔肝舒肝。制作方法：芍药花 2g，生地 3g，绿茶 3g，用开水冲泡后饮用。

二、芍药花粥

选取色白阴干的芍药花 6g，粳米 50g，白糖少许。用粳米加适量水煮熟，再放入芍药花瓣再煮 2～3min 即可出锅，加入白糖即成。芍药花粥清爽可口，香醇诱人，经常饮用可以养血调经、治肝气不调、血气虚弱而见肋痛烦躁、经期腹痛等症。

三、芍药花饼

清代德龄女士在《御香缥缈录》中曾叙述慈禧太后为了养颜益寿，特将芍药的花瓣与鸡蛋面粉混和后用油炸成薄饼食用。现代可将芍药花瓣与白砂糖作为馅料，烤制芍药鲜花饼，留住春天的余味，此外，芍药花还可改善面部皮肤，去除黄褐斑，使皮肤细腻、红润。

四、种子油

伴随我国经济飞速发展，人民生活水平不断提高，对食用油的需求量也逐年增大。我国油料作物种植面积近年不增反减，导致我国食用油供给严重不足，大量原料依靠进口，其中大豆进口额占总进口额的 60% 以上，成为世界上大豆进口最大的国家，这已经严重影响到我国的粮油安全。因此，开发新的油料作物，对缓解我国油料紧缺局面有重要战略意义。

2011 年中国卫生部发布了《关于批准元宝枫籽油和牡丹籽油作为新资源食品的公告》，批准牡丹籽油作为一种新型食用油。研究表明，牡丹籽含油量高，富含多种植脂肪酸，其中不饱和脂肪酸（亚麻酸、亚油酸和油酸）占总脂肪酸的 80% 以上，并含有多种对人体有益的化合物，具有抗肿瘤、抗炎、改善心血管和调节免疫等医疗保健功能。因此，牡丹籽油被认为是世界上最好的食用油，而作为一种优良的油料资源被开发利用，这很大程度上可改变我国食用油依赖进口的局面。芍药作为牡丹的'姊妹花'，其种子也逐渐被研究者关注。

谭真真对 50 个中国芍药品种和产自河北海坨山的芍药野生种的结实性和脂肪酸组分进行了调查和分析，并与油用牡丹'凤丹'进行了对比。研究发现，调查的 50 个栽培品种中，有 40 个品种近乎丧失了结实能力，这主要是因为作为观赏芍药，传统审美更喜欢重瓣程度高的品种，重瓣程度较高的品种，部分雄蕊瓣化或退化，甚至有的雌蕊也瓣化或消失，芍药是虫媒花，高度重瓣的花不利于昆虫授粉，因此多数栽培芍药结实能力较差。广泛作为药用栽培的'杭白芍'结实能力是所有栽培芍药中最高的，单株产量 53.8～121.0g，接近野生芍药。芍药种内及组间种子籽油脂肪酸组成成分相同，但种内及组间各脂肪酸含量有差异；在芍药种子中共测出 8 种脂肪酸成分：亚油酸、亚麻酸、油酸、棕榈酸、硬脂酸、花生酸、棕榈-烯酸和豆蔻酸，其中亚油酸、亚麻酸、油酸、棕榈酸和硬脂酸是主要脂肪酸；芍药平均不饱和脂肪酸相对含量为 93.40%；37 个结实量稍高的芍药品种亚油酸平均含量为 26.10%±0.14%；油酸为 33.37%±0.10%；亚麻酸为 33.93%±0.09%，其中'杭白芍'总不饱和脂肪酸含量为 93.99%，亚麻酸为 33.8%；野生芍药的总不饱和脂肪酸和亚麻酸含量最高，分别为 94.20% 和 41.84%，高于'凤丹'籽油（总不饱和脂肪酸和亚麻酸含量分别为91.3%和39.99%）。通过对分布适应性、繁殖方式、单株种子产量、含油率及脂肪酸含量、种子采收方式等指标的综合比较分析，认为野生芍药、'杭白芍'作为油料作物均优于'凤丹'。

野生芍药均为单瓣，普遍结实能力较栽培芍药强，但关于野生芍药种子脂肪酸的报道较少。Yu等分析了中国产的几种野生牡丹、部分栽培牡丹及草芍药的种子脂肪酸含量，共检测到14种脂肪酸成分，其中棕榈酸、硬脂酸、油酸、亚油酸和亚麻酸在1g干种子中的含量超过1mg，构成了草芍药种子中的主要脂肪酸，其中亚麻酸含量最高为51.99mg/g±3.05mg/g，其次是亚油酸45.03mg/g±1.07mg/g，油酸29.17mg/g±3.56mg/g，总脂肪酸含量为141.2mg/g，其中不饱和脂肪酸占总脂肪酸的92.35%。和其他牡丹相比，草芍药种子不饱和脂肪酸含量高，但种子出油量相对较低（四川牡丹为230.8mg/g，杨山牡丹为207.1mg/g）。

Duygu Sevim等研究了欧洲分布的7种野生芍药（*P. arietina*、*P. daurica*、*P. mascula* subsp. *mascula*、*P. mascula* subsp. *bodurii*、欧洲芍药 *P. peregrina*、*P.×kayae*、细叶芍药 *P. tenuifolia*）种子脂肪酸组成和含量（表7-1），共检测到6种主要脂肪酸，其中仅PB含有3.60%±0.08%的豆蔻酸，PB不含亚麻酸，油酸含量最高，占61.15%±0.63%，其次是棕榈酸含量20.50%±0.51%，亚油酸含量为10.89%±0.60%，硬脂酸含量为3.86%±0.27%。其他6个野生芍药仅检测到5种脂肪酸：棕榈酸、硬脂酸、油酸、亚油酸和亚麻酸，除 *P.×kayae*（油酸相对含量最高为40.30%±0.59%）外，其他5个野生种均为亚麻酸相对含量最高，其中 *P.×kayae* 最高为44.11%±0.43%，在这5个野生种中除 *P.×kayae* 外，其他几个野生种油酸相对含量排第二（*P.×kayae* 亚麻酸含量排第二）。现阶段我国原产的野生芍药仅草芍药和芍药两个种的种子脂肪酸组分和含量有报道，其他几个野生芍药种子脂肪酸含量如何还需开展相关研究。综上分析，不同野生芍药种子脂肪酸含量存在较大差异，后期如果想开发利用还需要进行更为细致的分析和研究。

表7-1 7种野生芍药种子脂肪酸组成及相对含量（脂肪酸相对含量平均值 ± 标准误，n=3）

种名 （Species）	豆蔻酸 （Myristic）	棕榈酸 （Pamitic）	硬脂酸 （Stearic）	油酸 （Oleic）	亚油酸 （Linoleic）	亚麻酸 （Linolenic）
P. arietina	—	5.97 ± 0.04	1.72 ± 0.05	34.51 ± 0.14	20.49 ± 0.12	37.31 ± 0.11
P.×kayae	—	9.01 ± 0.39	2.03 ± 0.08	40.30 ± 0.59	22.66 ± 0.24	26.02 ± 0.53
P. mascula subsp. *bodurii*	3.60 ± 0.08	20.50 ± 0.49	3.86 ± 0.27	61.15 ± 0.63	10.89 ± 0.60	—
P. daurica	—	5.51 ± 0.51	1.09 ± 0.03	27.15 ± 0.88	28.95 ± 0.43	36.95 ± 0.12
P. peregrina	—	5.19 ± 0.09	1.81 ± 0.31	29.74 ± 0.18	21.40 ± 0.13	41.70 ± 0.32
P. mascula subsp. *mascula*	—	5.27 ± 0.19	0.97 ± 0.15	21.93 ± 0.48	27.73 ± 0.75	44.11 ± 0.43
P. tenuifolia	—	5.99 ± 0.08	1.20 ± 0.23	26.45 ± 0.36	24.73 ± 0.11	41.63 ± 0.39

引自：Sevim D, Senol F S , Gulpinar A R, et al. 2013. Discovery of potent in vitro neuroprotective effect of the seed extracts from seven *Paeonia* L. (peony) taxa and their fatty acid composition[J]. Industrial Crops and Products, 49:240-246.

本研究组从原产地采集了产自中国的 7 个野生种 2 个亚种共计 16 个居群的成熟种子，利用气相色谱串联质谱（GC-MS）分析了各个居群种子种仁的脂肪酸组成和含量。共检测到 5 种脂肪酸成分，分别是：硬脂酸、棕榈酸、油酸、亚油酸和 α- 亚麻酸。5 种主要脂肪酸中，α- 亚麻酸在所有居群中含量均为最高，均超过 100mg/g，硬脂酸含量在所有居群中均为最低，少于 3.5mg/g，棕榈酸含量稍高于硬脂酸含量，排第四位，而油酸和亚油酸含量在不同居群之间存在差异，有 4 个居群油酸含量大于亚油酸含量，其他几个居群油酸含量小于亚油酸含量。各脂肪酸组分在不同居群之间也存在显著差异。各脂肪酸百分含量的高低与实际含量高低一致，α- 亚麻酸最高，大于 47%，油酸最小，小于 1.5%。各脂肪酸组分在不同居群之间表现出显著差异。1993 年，联合国粮农组织（FAO）和世界卫生组织（WHO）推荐 ω-6 与 ω-3 系列脂肪酸之间的比例应小于 5，这对防治心脑血管疾病、智力发育、保护视力、提高免疫力及预防老年痴呆症等有重要作用。本研究分析的 16 个野生芍药居群脂肪酸 ω-6/ ω-3 在 0.23～0.59 之间。结合不饱和脂肪酸相对含量及 ω-6/ ω-3 的比值来看，中国产野生芍药种仁脂肪酸组分完全满足健康食用油的标准。综合分析各项指标，认为部分野生芍药居群可以作为开发油用芍药的种质资源开发利用。

— 第三节 —
药用价值

芍药最开始就是作为药用植物使用，是中国传统的常用中草药之一，其药名、生长环境、主治功效等方面，在历代本草著作中都有记载，《本草纲目》中记载的芍药可治病症达 12 种之多。18 世纪以前，欧洲种植芍药的目的也基本是药用。芍药的入药部分主要是它的根，芍药根中含有芍药苷、芍药内酯苷、氧化芍药苷、苯甲酰芍药苷、异芍药苷等药物活性成分，目前研究较多的是芍药苷和芍药内酯苷。芍药苷对于神经退行性疾病、脑缺血损伤、疼痛、突触可塑性损伤和神经细胞损伤等有保护或者治疗作用，还可以降低血压血脂、保护心肌、治疗应激性胃溃疡、肝纤维化以及防止肾间质纤维化等疾病。芍药内酯苷具有抗抑郁和补血的作用。

由于加工方法和主治功效的差异，加工后的芍药根又可分为白芍和赤芍。中药里的白芍主要指栽培品种芍药的根，去皮水煮后即为白芍，白芍为补血药，具有活血化瘀、养血敛阴、柔肝止痛、凉血清肝之功能，主治肝血亏虚、自汗盗汗、月经不调、肝脾不合、跌打损伤、头痛眩晕等症。赤芍为芍药或川赤芍的根，直接干燥后就是赤芍，味苦，性微寒，有清热凉血、散瘀、活血、止痛、泻肝火之效，主治温毒发斑、经闭痛经、痰滞腹痛、关节肿痛、胸痛肋痛、跌扑损伤等症。现代医学已经多种药理学试验对白芍和赤芍的作用做了充分的研究，其临床功效已经得到了确切的证明。

第八章

观赏

芍药

名品介绍

—■ 第一节 ■—
中国主要观赏芍药品种介绍

1.'亳芍'('Bo Shao')

单瓣型，高约 70cm，早花品种。花深粉色。花瓣 3 轮，长圆状，雌雄蕊正常。生长势强，开花直立，花期长。根系发达，可用于药材生产，宜连片种植（图 8-1）。

图 8-1 　'亳芍'

2.'粉玉奴'('Fen Yu Nu')

单瓣型，高约 80cm，传统早花品种。花初开粉红色，然后变为肉粉色。长势强劲，株形圆整，开花繁茂（图 8-2）。

图 8-2 　'粉玉奴'

3.'紫莲望月'('Zi Lian Wang Yue')

单瓣型，形如莲，早花品种。花紫红色。雄蕊团簇如满月，雌蕊正常。长势强，开花直立，宜连片种植，观赏效果极佳（图 8-3）。

图 8-3 　'紫莲望月'

图 8-4 '烈火金刚'

4.'烈火金刚'('Lie Huo Jin Gang')

菊花型，中花品种。花紫红色，具光泽。花瓣 6 轮，椭圆形，质薄，雌雄蕊正常或雄蕊稀瓣化，心皮绿色被绒毛，柱头玫瑰红色。茎秆细，花朵向上或微侧开。耐日晒（图 8-4）。

图 8-5 '玫瑰红'

5.'玫瑰红'('Mei Gui Hong')

菊花型，中花品种。花玫瑰红色，具光泽。花瓣多轮排列整齐，质软，外瓣较大，平展，内瓣向心聚拢，内曲，近心处直立，端部有白色晕，偶有浅齿裂。茎秆细硬，花朵侧开。高度适中，长势较好（图 8-5）。

图 8-6 '墨紫含金'

6.'墨紫含金'('Mo Zi Han Jin')

菊花型，中花品种。花紫色，具光泽。花瓣 5 ～ 6 轮，有褶皱，较窄；雌雄蕊正常或雄蕊稀瓣化，心皮上红下绿，柱头紫红色。茎秆直立，花朵向上（图 8-6）。

7. '晓芙蓉'（'Morning Lotus'）

菊花型，高约 75cm，中花品种。花粉白色。雄蕊正常；雌蕊正常，心皮 4，具结实能力；柱头正常，粉白色；具有清香。茎秆强壮，直立性良好，无侧蕾。适宜庭院观赏栽培。北京林业大学于晓南课题组 2018 年在美国芍药牡丹协会登录（图 8-7）。

图 8-7　'晓芙蓉'

8. '紫红魁'（'Zi Hong Kui'）

菊花型或蔷薇型，中花品种。花紫红色，具光泽。花瓣多轮，盛开后第 1～2 轮花瓣向下翻卷，自外向内渐小；雄蕊不完全瓣化；雌蕊 4～8 枚，心皮淡绿色。茎秆具淡紫色晕，花朵向上或侧开（图 8-8）。

图 8-8　'紫红魁'

9. '红云映日'（'Hong Yun Ying Ri'）

蔷薇型，中开花品种。花紫红色，具光泽。花瓣多轮，质软，端部微波状，有缺刻，泛白色晕，近心处花瓣褶皱，直立，端部缺刻稍多，泛白。茎秆细软，花朵侧开。株型矮，生长势弱（图 8-9）。

图 8-9　'红云映日'

图 8-10　'春晓'

图 8-11　'蝶恋花'

图 8-12　'蝶落粉池'

10.'春晓'（'Chun Xiao'）

托桂型，高约 70cm，晚花品种。花复色。外瓣 2 轮，淡粉色，端部裂深浅不一，内瓣针状、条状，淡黄色，中间细瓣粉色、粉白相间，褶叠；雌蕊正常，心皮淡绿色被绒毛。茎秆硬，花朵向上（图 8-10）。

11.'蝶恋花'（'Die Lian Hua'）

托桂型，早花品种。花复色。外瓣 2 轮，宽大圆整，粉色，端部泛白色晕；内瓣较小，褶皱，浅粉色，端部浅齿裂，瓣间夹杂条状淡黄色碎瓣。茎秆细硬，花朵侧开。株型矮，成花率高，生长势中（图 8-11）。

12.'蝶落粉池'（'Die Luo Fen Chi'）

托桂型，早花品种。花粉色。外瓣 3 轮，质厚、硬，边缘微上卷，端部浅裂；内瓣为雄蕊瓣化瓣，褶皱，直立，端部颜色稍淡；雌蕊正常，心皮黄绿色。生长势强，株丛高大，茎秆细，花朵侧开，成花率高（图 8-12）。

13.'粉盘托金针'（'Fen Pan Tuo Jin Zhen'）

托桂型，高约 70cm，中花品种，偏晚。花复色。外瓣 2 轮、粉色、有齿裂；雄蕊瓣化，呈针状、簪状，鹅黄色，近心处有时有粉色细碎瓣；雌蕊退化变小，心皮有毛、黄绿色，柱头玫红色。生长势强，茎粗叶肥，开花直立，有侧蕾，易开花。花量大，花期长，观赏价值高（图 8-13）。

图 8-13　'粉盘托金针'

14.'粉银针'（'Fen Yin Zhen'）

托桂型，高约 65cm，中开花品种。花复色。外瓣 2 轮，圆整，淡粉蓝色，端部偶有深浅裂；雄蕊瓣化成粉色丝状花瓣，瓣端尖如针，白如银；雌蕊正常，心皮有毛、黄色，柱头粉色。茎秆浅褐色，坚硬，主花下常有一个侧蕾，且易开花，开花直立不弯，是极佳的切花品种（图 8-14）。

图 8-14　'粉银针'

15.'凤雏紫羽'（'Feng Chu Zi Yu'）

托桂型，高约 120cm，早花品种。花粉紫色。花瓣 2 轮，宽大平展；雄蕊全部瓣化，窄长直立，基部乳黄色，端部细裂，白色，整体呈半球形；雌蕊 4～5 枚，柱头红色。生长势强，端庄雅致，观赏性极佳（图 8-15）。

图 8-15　'凤雏紫羽'

图 8-16 '芙蓉金花'

16. '芙蓉金花'（'Fu Rong Jin Hua'）

托桂型，中花品种。花复色。外瓣大，2轮，浅粉紫色，上曲，端部有缺刻；内瓣淡黄色，细条瓣状，偶有稍大浅粉色瓣夹杂其中。茎秆细硬，花对向上。植株低，生长势较好（图 8-16）。

图 8-17 '黄金簪'

17. '黄金簪'（'Huang Jin Zan'）

托桂型，高约 60cm，中花品种，偏晚。花复色。外瓣 2～3 轮、圆整，端部有缺刻、向心抱、粉色有晕；内瓣雄蕊完全瓣化，簪状、条状，鹅黄色；雌蕊房衣宿存于基部、白色，心皮有毛、淡黄绿色，柱头乳白色。生长势强，茎褐色，粗壮，开花直立，有少量侧蕾，观赏价值高（图 8-17）。

图 8-18 '火炼赤金'

18. '火炼赤金'（'Huo Lian Chi Jin'）

托桂型，中花品种。花淡玫瑰红色。外瓣 2 轮，上翘内抱，边缘多齿状裂痕；雄蕊瓣化内瓣细、狭长，具黄色条纹，卷曲，瓣间或边缘有残留花药；雌蕊 5 枚，心皮淡绿色被绒毛。茎秆细，花朵向上（图 8-18）。

图 8-19 ‘金星烂漫’

19. ‘金星烂漫’（‘Jin Xing Lan Man’）

托桂型，中花品种。花玫瑰紫色。外瓣大，2 轮，端部微褶皱；内瓣针状，玫瑰红色，端部边缘有雄蕊瓣化残留的花药，基部橙黄色；雌蕊正常，5 枚，心皮淡绿色被绒毛。茎秆硬，花朵向上（图 8-19）。

图 8-20 ‘金簪刺玉’

20. ‘金簪刺玉’（‘Jin Zan Ci Yu’）

托桂型，高约 80cm，中花品种。花黄白色。外瓣 2 轮；雄蕊瓣化为鹅黄色细碎花瓣。茎硬，直挺，叶浅绿色。株型圆整，花大色艳，观赏价值高（图 8-20）。

图 8-21 ‘莲台’

21. ‘莲台’（‘Lian Tai’）

托桂型，高约 90cm，中花品种，偏早。花复色。外瓣 2 轮，宽而平展，深粉红色；雄蕊全部瓣化，窄而长，基部橘红色；雌蕊3 ～ 5 枚、光滑，柱头乳白色。生长势强，花繁叶茂，开花整齐，侧蕾多，易开花，整体花期长。花容圆整，观赏性极佳。托桂型品种中的佳品（图 8-21）。

22.'玲珑玉'('Ling Long Yu')

托桂型，高约 70cm，晚花品种。花初开白色带粉色晕，盛开内外瓣均为雪白色。花瓣 2 轮，雄蕊全部瓣化，雌蕊 4～5 枚，柱头乳白色、稍瓣化。植株较矮，茎秆硬而直立，叶紧凑，花朵小巧，惹人喜爱（图 8-22）。

图 8-22　'玲珑玉'

23.'美菊'('Mei Ju')

托桂型，高约 90cm，早花品种。花复色，外轮花瓣玫红色，宽大平展；内轮雄蕊变瓣狭长直立，端部齿裂，上部玫红色渐变白色，基部黄色；雌蕊 3～4 枚，柱头紫红色。株丛圆整，长势强健，花色鲜艳，耐夏季高温，是托桂型品种中优秀的栽培品种（图 8-23）。

图 8-23　'美菊'

24.'盘托绒花'('Pan Tuo Rong Hua')

托桂型，中花品种。花淡玫瑰红色。外瓣大，2 轮，边缘微上曲，端部白色；雄蕊瓣化内瓣针状、丝状、条瓣状，端部白色，偶有玫瑰红色与白色相间彩瓣，褶叠，卷曲，基部淡黄色；雌蕊 3～5 枚，心皮淡绿色被绒毛。茎秆较细，花朵向上（图 8-24）。

图 8-24　'盘托绒花'

25. '粉面狮子头'（'Pink Lion King'）

托桂型，高约 75cm，中花品种。花色亮紫、粉红色，外轮花瓣圆整，雄蕊瓣化完全；雌蕊正常，柱头白色。茎秆强壮，直立性良好。多侧蕾，易开花，具香味。适宜庭院观赏、切花栽培等。北京林业大学于晓南课题组 2018 年在美国芍药牡丹协会登录（图 8-25）。

图 8-25 '粉面狮子头'

26. '奇花露霜'（'Qi Hua Lu Shuang'）

托桂型，高约 70cm，早花品种，偏晚。花复色。外瓣 2 轮，粉紫色；雄蕊瓣化为尖端锯齿形的条状花瓣，基部粉紫色，中部向上渐白，花心处有粉色花瓣。生长势强，分枝力强，观赏性强（图 8-26）。

图 8-26 '奇花露霜'

27. '巧玲'（'Qiao Ling'）

托桂型，高约 70cm，中花品种。花复色。初开粉红，盛开后变为白色，内瓣淡黄色、窄长直立，外瓣平展，柱头红色。该品种色彩淡雅，生长旺盛，开花整齐（图 8-27）。

图 8-27 '巧玲'

图 8-28 '胜莲台'

图 8-29 '向阳奇花'

图 8-30 '星光灿烂'

28.'胜莲台'('Sheng Lian Tai')

托桂型，高约60cm，中花品种。花复色。外瓣2轮，粉蓝色稍带紫色，边缘色淡泛白，端部有缺刻、下垂；内瓣为雄蕊瓣化呈针状瓣与条状瓣，淡橙色并有粉色晕，瓣中有1条黄色条纹，端部齿状，近心处花瓣较大，边缘白色，有少量花药残留；雌蕊瓣化。生长势旺盛，茎较短，开花直立，观赏价值高（图8-28）。

29.'向阳奇花'('Xiang Yang Qi Hua')

托桂型，高约65cm，中花品种。花复色。外瓣2层，宽大，粉红色，略向内抱，质硬，盛开展平；雄蕊瓣化，狭长丝状，质薄，开下黄上红色，盛开变粉白色，中心有少数内瓣颜色与外瓣相同。生长势强，茎秆硬，开花直立不倾斜，多侧蕾，易成花，整体花期长，观赏价值高（图8-29）。

30.'星光灿烂'('Xing Guang Can Lan')

托桂型，中花品种，较晚。花复色。外瓣宽大，圆整，微内卷，偶有缺裂；雄蕊瓣化内瓣细碎，条状，端部残留黄色花药；心皮黄绿色。茎秆细直，花朵向上或侧开（图8-30）。

31.'砚池漾波'('Yan Chi Yang Bo')

　　托桂型，高约60cm，传统早花品种。花黑紫色，有光泽。外瓣1～2轮、圆整，端部偶有齿裂、缺刻；雄蕊瓣化、细碎、针状、条状并有细长瓣，端部泛灰蓝色，针状瓣偶有花药残留；雌蕊3～4枚，心皮有毛、黄绿色，柱头粉红色。长势强劲，茎秆挺拔，花朵直上，开花整齐，花开放过程中基本不褪色，极具观赏价值（图8-31）。

图8-31　'砚池漾波'

32.'紫凤羽'('Zi Feng Yu')

　　托桂型，高约60cm，中花品种，偏晚。花紫红色。外瓣2轮；雄蕊瓣化成条状，团簇成球，内外瓣同为紫红色；雌蕊正常。生长势强，花开直立，开花量大，有侧蕾且易成花。观赏性佳，宜作切花（图8-32）。

图8-32　'紫凤羽'

33.'紫芙蓉'('Zi Fu Rong')

　　托桂型，早花品种。花玫瑰红色。外瓣大，长椭圆形，2轮，质厚、硬，第2轮花瓣顶端浅裂，微褶皱；雄蕊瓣化为条状细瓣，向心呈球状；雌蕊正常，3～4枚，心皮淡黄绿色。茎秆粗硬，花朵向上（图8-33）。

图8-33　'紫芙蓉'

图 8-34 '紫莲花'

34.'紫莲花'('Zi Lian Hua')

托桂型，中花品种。花复色。外瓣 2 轮，宽大，粉紫色，端部浅齿裂；内瓣细碎，条状，粉白色，端部细浅齿状。生长势强，茎秆细硬，花朵向上（图 8-34）。

图 8-35 '紫绫金星'

35.'紫绫金星'('Zi Ling Jin Xing')

托桂型，中花品种，稍晚。花复色。外瓣宽大，端部泛白；内瓣条瓣状，瓣端部齿状，残留黄色花药；心皮淡黄绿色。茎秆细，挺直，花朵向上。生长势强，成花率高（图 8-35）。

图 8-36 '苍龙'

36.'苍龙'('Cang Long')

金环型，高约 100cm，中花品种。花深紫红色。外轮花瓣 2 ~ 3 轮，宽大平展；内瓣较窄而直立，内外瓣间有一圈雄蕊；雌蕊周围有少许正常雄蕊，雌蕊正常、4 枚，柱头粉色。植株生长势稍弱，但其浓艳的深紫红色花瓣和金黄色的雄蕊相映成趣，可用于庭园观赏（图 8-36）。

图 8-37　'粉楼系金'

37. '粉楼系金'（'Fen Lou Xi Jin'）

金环型，高约 65cm，中花品种。花粉色。雌蕊瓣化成较大花瓣；雄蕊部分瓣化，形成腰部金环。生长势强，茎秆硬，开花直立，观赏价值高（图 8-37）。

图 8-38　'金带围'

38. '金带围'（'Jin Dai Wei'）

金环型，高约 70cm，晚花品种。花蕾黄绿色，全花为纯白色。千层起楼，形成上下重叠两层花。下部花雄蕊多瓣化，上部雌蕊瓣化，中部雄蕊未瓣化，呈金黄色，环绕一周，将上下两部分花截然分开，犹如围在花冠中部的金色腰带，极具观赏价值（图 8-38）。

图 8-39　'金环朱砂'

39. '金环朱砂'（'Jin Huan Zhu Sha'）

金环型，高约 90cm，中花品种。花紫红色。花瓣宽大平展；茎直挺，较细；叶色深绿。该品种生长旺盛，着花量大，色彩鲜艳、明亮（图 8-39）。

40.'红峰'('Hong Feng')

皇冠型，中花品种。花红色。外瓣质软，端部粉白色；内瓣紧凑，端部有浅齿裂，近心处褶皱，直立。茎秆粗硬，花朵侧开。株型高，成花率高，生长势中（图8-40）。

图8-40　'红峰'

41.'红冠芳'('Hong Guan Fang')

皇冠型，中花品种。花大，紫红色。外瓣大，质硬；内瓣紧凑，端部有齿裂。茎秆粗硬，观赏性强（图8-41）。

图8-41　'红冠芳'

42.'火炬'('Huo Ju')

皇冠型，高约65cm，中花品种，偏晚。花紫红色有光泽。外瓣2轮，长椭圆形，质地较厚，稍向心抱；雄蕊瓣化呈半球状，如火焰燃烧；雌蕊5枚，心皮有毛黄绿色，柱头粉白色。生长势强，茎秆细而硬，花朵直上，观赏性强（图8-42）。

图8-42　'火炬'

43.'红菊花'('Hong Ju Hua')

皇冠型，高约65cm，中花品种。花深紫红色有光泽。外瓣多轮，下翻；雄蕊部分瓣化，细碎、层层叠起、褶叠，端部褶皱；雌蕊退化变小，柱头红色。生长势强，茎秆长、绿色，着叶稀疏，着花多，观赏性强（图8-43）。

图8-43 '红菊花'

44.'红绣球'('Hong Xiu Qiu')

皇冠型，高约100cm，中花品种。花瓣紫红色，边缘泛白。外瓣2轮，平展；内瓣直立紧密，瓣间有退化的针状雄蕊；雌蕊正常或退化，柱头粉色。该品种株型圆整，花朵丰硕，花期一致，整体观赏效果好（图8-44）。

图8-44 '红绣球'

45.'蓝田碧玉'('Lan Tian Bi Yu')

皇冠型，高约65cm，中花品种，偏晚。花粉蓝色。外瓣2～3轮，大而平展，偶有缺裂，色较粉。雄蕊完全瓣化，色淡粉。长势较强，叶色浓绿，茎黄绿色，粗壮，开花直立，观赏价值高，宜作切花（图8-45）。

图8-45 '蓝田碧玉'

图 8-46　'香妃紫'

46.'香妃紫'('Sweet Queen')

皇冠型或绣球型，高约90cm，中花品种。亮紫红色。雄蕊瓣化完全；雌蕊正常，具有结实能力；柱头正常，红色。花香浓烈。茎秆直立，长势强。适宜庭院观赏、切花栽培等。北京林业大学于晓南课题组2018年在美国芍药牡丹协会登录（图8-46）。

图 8-47　'桃花飞雪'

47.'桃花飞雪'('Tao Hua Fei Xue')

皇冠型，高约90cm，中花品种。花初开桃红色，盛开后变粉。外轮花瓣2轮，雄蕊充分瓣化；雌蕊近花心部分瓣化为宽大的花瓣，向外逐渐变窄细。株型圆整，枝叶繁茂，开花量多，花期长，形态娇美。具有极高的观赏价值（图8-47）。

图 8-48　'铁杆紫'

48.'铁杆紫'('Tie Gan Zi')

皇冠型，早花品种。花墨紫色。外瓣质硬，平展，具光泽；内瓣紧凑，端部波状，偶有浅裂，泛白色晕，中间花瓣直立，褶皱。茎秆细硬，暗紫红色（图8-48）。

图 8-49　'雪峰'

49. '雪峰'（'Xue Feng'）

皇冠型，中花品种，偏晚。花白色。外瓣 2～3 轮，质地薄，外轮偶有彩瓣，端部有缺刻；雄蕊瓣化，密集、隆起、褶叠，端部齿裂，近心处偶有少量存留；雌蕊 4～6 枚，心皮无毛、黄绿色，柱头粉红色。生长势弱，分芽力弱，茎秆长，茎枝软，花朵侧开，但花色素净，别有一番雅趣（图 8-49）。

图 8-50　'银龙探海'

50. '银龙探海'（'Yin Long Tan Hai'）

皇冠型，中花品种。花白色。外瓣 2～3 轮，端部浅裂；内瓣紧凑，隆起呈球状，大量雄蕊瓣化为碎瓣，少量残存于瓣间；雌蕊正常，4～5 枚，心皮淡绿色被绒毛。茎秆长，花朵下垂（图 8-50）。

图 8-51　'枣红'

51. '枣红'（'Zao Hong'）

皇冠型，高约 65cm，晚花品种。花紫红色。外瓣 2～3 轮，圆整，波曲，紫红色；雄蕊全部瓣化；花瓣密集，隆起，近心处花瓣小，内瓣边缘色淡泛白；雌蕊退化，仅存细小柱头，白色。生长势强，茎粗硬，开花直立，特大花朵亦侧开，基本无侧蕾，观赏价值高，为优良的切花品种（图 8-51）。

52. '赵园粉'（'Zhao Yuan Fen'）

皇冠型，中花品种。花粉白色。外瓣浅粉紫色，稍褶皱，端部波状，泛白色晕；内瓣粉白色，排列紧凑，端部白色，有浅裂，稍外曲，中间花瓣直立。茎秆硬，花朵侧开（图 8-52）。

图 8-52 '赵园粉'

53. '赵园红'（'Zhao Yuan Hong'）

皇冠型，高约 85cm，中花品种，偏晚。花淡玫红色。外瓣 2 轮、质地薄；内瓣细碎、褶叠、紧凑、呈球状；雄蕊全部瓣化；雌蕊正常，心皮有毛、黄绿色，柱头粉色或瓣化呈红色彩瓣。生长势强，茎秆硬，花朵直上或侧开，观赏性强（图 8-53）。

图 8-53 '赵园红'

54. '朱砂判'（'Zhu Sha Pan'）

皇冠型，高约 65cm，早花品种。花深紫红色。外瓣 2～3 轮，宽大平展；雄蕊变瓣较短呈球状；雌蕊正常，柱头白色。生长势旺，茎秆长而微软，侧蕾小而易成花。观赏价值较高。根粗短，产量高，是优良的中药材，也是牡丹嫁接的良好砧木（图 8-54）。

图 8-54 '朱砂判'

55.'状元红'('Zhuang Yuan Hong')

皇冠型，早花品种。花粉红色。下方花花瓣宽大整齐，圆整，具光泽；上方花花瓣较小，紧凑，匙状，近心处花瓣直立，褶皱，端部有浅齿裂，粉白色。生长势强，株丛高大，茎秆粗壮挺直，花朵向上，成花率高（图8-55）。

图 8-55　'状元红'

56.'红绫赤金'('Hong Ling Chi Jin')

绣球型，中花品种。花紫红色。花瓣质软，具光泽，端部微波状，偶有浅裂，粉白色。茎秆较软，花朵向上（图8-56）。

图 8-56　'红绫赤金'

57.'红楼'('Hong Lou')

绣球型，晚花品种。花红色，鲜艳。生长势强，分芽力强，茎青白色，粗硬。花繁叶茂，无侧蕾。花冠重而致开花倾斜。观赏价值高，宜作庭院观赏，亦为良好的切花材料（图8-57）。

图 8-57　'红楼'

图 8-58 '沙金贯顶'

58.'沙金贯顶'（'Sha Jin Guan Ding'）

绣球型，高约80cm，早花品种。花白色，外瓣稍大，略卷。雌雄蕊瓣化，基本与外瓣无异，花端部残留少量黄色花药。茎细直，株型小巧，生长茂盛，花色清新洁净，使人耳目一新（图8-58）。

图 8-59 '少女妆'

59.'少女妆'（'Shao Nv Zhuang'）

绣球型，高约70cm，晚花品种。花浅红泛紫色。花瓣层次分明、外大内小，雄蕊完全瓣化，雌蕊瓣化或退化。植株生长势强，株型松散。茎秆直立，单花期长，花型匀称秀美，观赏价值高，宜作切花栽培（图8-59）。

图 8-60 '乌龙探海'

60.'乌龙探海'（'Wu Long Tan Hai'）

绣球型，晚花品种。花紫色，花瓣边缘蓝色。外瓣3～4轮，第一轮花瓣背面偶有彩瓣；内瓣细碎紧凑，微褶皱，端部浅裂，中间花瓣直立；雌雄蕊完全瓣化。茎秆软，花朵向四周开放（图8-60）。

图 8-61　'英模红'

图 8-62　'紫楼'

图 8-63　'大地露霜'

61.'英模红'('Ying Mo Hong')

绣球型，中花品种，偏晚。花紫红色。雄蕊瓣化，雌蕊退化。花瓣大小基本匀称，盛开时外瓣稍向下翻。生长势强，茎细硬，开花直立，观赏价值高（图 8-61）。

62.'紫楼'('Zi Lou')

绣球型，早花品种。花暗紫色，具光泽。外瓣 2 轮，微上卷；内瓣细碎，紧凑，褶叠，中间花瓣较直立，褶叠；雄蕊部分瓣化，瓣间夹杂少量雄蕊；雌蕊瓣化为红色瓣，部分正常，心皮黄绿色。茎秆硬，微曲，花朵向上或侧开（图 8-62）。

63.'大地露霜'('Da Di Lu Shuang')
　　　('月照山河')('Yue Zhao Shan He')

初生台阁型，高约 70cm，中花品种，稍晚。花粉紫色。下方花花瓣大，质硬，端部粉色渐淡；上方花与下方花中间有细碎瓣，上方花花瓣向心聚拢，端部微波状，泛白色晕。生长势强，茎秆粗硬，高度适中，花朵侧开，成花率高（图 8-63）。

64.‘丹凤’（‘Dan Feng’）

初生台阁型，高约70cm，早花品种。花深紫色，具光泽。下方花花瓣3～4轮，顶端泛白，质硬；上方花与下方花中间具雄蕊1轮，上方花花瓣少，细碎，稀有白色彩瓣；雄蕊瓣化，雌蕊退化或变小。茎秆硬，紫色，花朵向上（图8-64）。

图 8-64　‘丹凤’

65.‘粉池滴翠’（‘Fen Chi Di Cui’）

初生台阁型，晚花品种。花粉白色。下方花花瓣大，质硬，端部圆整；上方花花瓣紧凑，褶皱，近心处花瓣直立，稍内曲；雌蕊呈绿色小瓣。茎秆粗软，花朵侧开。株型高大，生长势强（图8-65）。

图 8-65　‘粉池滴翠’

66.‘粉菱红花’（‘Fen Ling Hong Hua’）

初生台阁型，高约100cm，中花品种，偏晚。花粉色。下方花外瓣3轮，粉色，第一轮有红色彩瓣，基部色淡，端部浅裂或缺刻、稍有褶皱；雄蕊部分瓣化，细碎，色淡；雌蕊瓣化呈红色彩瓣。上方花花瓣量少、直立、端部浅裂，褶皱，整朵花花瓣边缘色淡；雄蕊瓣化，少量存留；雌蕊退化变小，心皮有毛，绿色，柱头玫红色。茎秆较细，花朵直上或侧开，观赏价值较高（图8-66）。

图 8-66　‘粉菱红花’

67.'粉魁'('Fen Kui')

初生台阁型，中花品种。花粉色。下方花花瓣褶皱，上曲，端部波状，有白色晕；上方花花瓣紧凑，褶皱，端部偶有浅裂。茎秆稍软，花朵直立向上或侧开。株型中高，成花率高，生长势强（图8-67）。

图 8-67　'粉魁'

68.'粉绫红珠'('Fen Ling Hong Zhu')

初生台阁型，中花品种。花粉色。下方花花瓣多轮，外瓣2～3轮，第1～2轮花瓣粉红色，内瓣细碎，褶皱，顶端浅裂；上方花与下方花中间具雄蕊1轮，雌蕊瓣化为红色瓣或瓣中具1条红色条纹；上方花花瓣少，瓣大，直立，中间有雄蕊瓣化的碎瓣；雌蕊变小，心皮淡绿色。茎秆长，花朵直上或侧开（图8-68）。

图 8-68　'粉绫红珠'

69.'粉盘藏珠'('Fen Pan Cang Zhu')

初生台阁型，早花品种。淡粉色。下方花花瓣4轮，质薄，第一轮花瓣背面粉红色，内瓣偶有丝状细瓣，雄蕊正常，雌蕊无；上方花花瓣3轮，偶有红色彩瓣，自外向内渐小，白色微粉色晕，雌雄蕊变小，心皮翠绿被绒毛。茎秆软，花朵侧开（图8-69）。

图 8-69　'粉盘藏珠'

图 8-70 '粉朱盘'

图 8-71 '高杆红'

图 8-72 '黑海波涛'

70. '粉朱盘'（'Fen Zhu Pan'）

初生台阁型，高约 65cm，传统晚花品种。花色粉白，中心色深。下方花和上方花外瓣大小、形状相近，内瓣短小，雄蕊瓣化不全，尚有部分正常雄蕊夹杂于瓣间；上方花内瓣小，紧密。株丛美观、整齐，叶片深绿，质厚而挺。生长旺盛，着花多。花头直立。花期长，耐日晒。街道花坛栽培效果极佳（图 8-70）。

71. '高杆红'（'Gao Gan Hong'）

初生台阁型，高约 70cm，中花品种。花深紫红色。下方花花瓣多轮，质硬，上翘，具光泽；上方花花瓣较大，向心靠拢，紧凑，向内曲。生长势强，茎秆挺直坚硬，花朵侧开，成花率中（图 8-71）。

72. '黑海波涛'（'Hei Hai Bo Tao'）

分层台阁型，中花品种，偏早。花深玫紫色，有光泽。下方花花瓣多轮、质地硬、波曲、排列整齐，雄蕊瓣化或仅有少量残留，雌蕊瓣化呈白红色硬彩瓣；上方花量少，雄雌蕊退化变小，雄蕊仅存花药，雌蕊仅存柱头红色。生长势强，茎秆硬而直立，叶片大而平展，花朵直上，着花多，花期长，极具观赏价值（图 8-72）。

73. '红茶花'（'Hong Cha Hua'）

初生台阁型，中花品种。花深粉红色。
花瓣质硬，下方花花瓣外展，端部上曲，粉
白色；上方花花瓣向上聚拢，稍褶皱，端部
多有浅齿裂。生长势强，株丛高大，茎秆硬
直，花朵向上，成花率高（图8-73）。

图 8-73　'红茶花'

74. '红艳飞霜'（'Hong Yan Fei Shuang'）

初生台阁型，高约60cm，中花品种。花
粉红稍带紫色。下方花花瓣多轮，外瓣2～3
轮，雄蕊部分瓣化，细碎，端部色淡泛白，
上下方花之间有一圈雄蕊；上方花量少，自
外向内逐渐变小，端部泛白，雄蕊退化变
小，仅存花药，雌蕊瓣化呈绿色彩瓣或退化
变小仅存柱头白色。生长势强，茎秆长而软，
花朵侧开，叶面光亮，深绿色，观赏性强
（图8-74）。

图 8-74　'红艳飞霜'

75. '湖光山色'（'Hu Guang Shan Se'）

初生台阁型，中花品种，偏晚。花粉色。
下方花花瓣多轮，质厚，颜色深浅不一，边
缘波状，第1～2轮花瓣背面绿色，雄蕊完
全瓣化，雌蕊瓣化为绿色彩瓣；上方花花瓣
多轮，第2～3轮瓣大，内瓣细碎，褶叠，
直立，顶端有极少残留雄蕊，雌蕊正常，
心皮淡绿色被绒毛。茎秆粗硬，花朵向上
（图8-75）。

图 8-75　'湖光山色'

图 8-76 '湖水荡霞'

76.'湖水荡霞'（'Hu Shui Dang Xia'）

初生台阁型，高约 60cm，中花品种。花色粉中透蓝，边缘粉白。雌雄蕊瓣化，花大。生长旺盛，茎长而粗壮，叶片平展，光滑，深绿色有光泽。花朵直上，着花多，花型端庄富丽，极具观赏价值（图 8-76）。

图 8-77 '锦山红'

77.'锦山红'（'Jin Shan Hong'）

初生台阁型，中花品种。花红色。下方花花瓣大，具光泽；上方花花瓣小，近心处花瓣褶皱，直立，端部波状，粉白色。生长势强，茎秆坚硬挺直，花朵向上或侧开，成花率高（图 8-77）。

图 8-78 '金针刺红绫'

78.'金针刺红绫'（'Jin Zhen Ci Hong Ling'）

初生台阁型。高约 70cm，中花品种。花粉紫色。花瓣质软，下方花花瓣较大，褶皱，端部微卷，偶有齿裂。下方花与上方花中间有紫红色针状瓣，端部残留黄色花药。上方花花瓣稍小，颜色较淡，端部浅裂；雄蕊瓣化内瓣细碎，红色，端部残留黄色花药；雌蕊正常。茎秆粗，花朵侧开（图 8-78）。

79.'老来红'('Lao Lai Hong')

初生台阁型，早花品种。花紫红色，具光泽。下方花瓣6轮，质硬，第1～3轮向下翻卷，浅裂，3层以上有细丝状瓣，部分雄蕊瓣化，雌蕊瓣化为白紫色瓣；上方花花瓣较少，褶叠，直立，雌雄蕊变小，心皮淡黄绿色。茎秆较硬，花朵向上或侧开（图8-79）。

图8-79　'老来红'

80.'玫瑰飘香'('Mei Gui Piao Xiang')

初生台阁型，晚花品种。花玫瑰红色。下方花瓣2轮，花瓣大，质软；上方花瓣多轮，紧凑，花瓣边缘浅裂，裂深浅不一，端部白色。生长势中，植株低矮，茎秆较软，花朵侧开，成花率高（图8-80）。

图8-80　'玫瑰飘香'

81.'富贵抱金'('Purple Gold')

初生台阁型，高约90cm，中花品种。花紫红色。雄蕊发育正常。心皮2～4，较小，具结实能力。柱头红色。具有清香。茎秆强壮，直立性良好，侧蕾2～3个，易开花。适宜庭院观赏、切花栽培。北京林业大学于晓南课题组2018年在美国芍药牡丹协会登录（图8-81）。

图8-81　'富贵抱金'

图 8-82 '晴雯'

图 8-83 '娃娃面'

图 8-84 '五花龙玉'

82.'晴雯'('Qing Wen')

初生台阁型，株高约 120cm，晚花品种。花粉色。下方花 2～3 轮，宽大平展，雄瓣细碎，雌蕊退化或瓣化成正常花瓣；上方花花瓣 3～4 轮，雄蕊多数，雌蕊退化。生长势强，株丛高大，茎秆粗壮，花期长，水养期长，为优质的切花品种，也适宜于庭园种植（图 8-82）。

83.'娃娃面'('Wa Wa Mian')

初生台阁型，中花品种。花粉色。下方花花瓣多轮，外 3 轮花瓣粉色，内轮花瓣粉白色，大部分雄蕊瓣化，雌蕊退化；上方花花瓣多轮，排列整齐，密集，中央花瓣直立。雄蕊瓣化，雌蕊变小。茎秆较软，花朵侧开（图 8-83）。

84.'五花龙玉'('Wu Hua Long Yu')

千层台阁型。花复色。下方花花瓣粉色，质硬，端部偶有缺刻；上方花花瓣多为有红色条纹的彩瓣，基部粉色，端部白色，多有浅裂。植株低矮，茎秆硬，暗紫色，花朵侧开，成花率高（图 8-84）。

85.'夕阳红'('Xi Yang Hong')

初生台阁型，高约65cm，中花品种，偏晚。花玫红色。下方花花瓣多轮，排列整齐，质地厚，自外向内逐渐变小，雄蕊环绕于上下方花之间，雌蕊退化变小；上方花花瓣量少且小，雄雌蕊退化变小，雄蕊仅存花药，雌蕊仅存柱头白色。生长势强，茎秆细、硬，花朵直上或稍侧开，着花多，花型端庄、富丽，观赏价值高，为优良的切花品种（图8-85）。

图8-85 '夕阳红'

86.'雪原红花'('Xue Yuan Hong Hua')

初生台阁型，高约70cm，中花品种。花白色。下方花花瓣多轮，质薄，外瓣3轮，第1～2轮花瓣背面红色，初开淡粉色，内瓣较细，雄蕊完全瓣化，雌蕊瓣化为红色；上方花花瓣少，雄蕊端部仅存花药，雌蕊变小。生长势强，株丛高大，花朵向上或稍侧开（图8-86）。

图8-86 '雪原红花'

87.'银针绣红袍'('Yin Zhen Xiu Hong Pao')

初生台阁型，高约65cm，中花品种。花粉紫色。下方花花瓣2轮，大，质硬，上下花瓣间有粉白色针状瓣环绕；上方花瓣较大，质硬，端部浅裂，粉白色，雄蕊瓣化内瓣呈细条状。茎秆硬，花朵向上（图8-87）。

图8-87 '银针绣红袍'

图 8-88 '紫凤朝阳'

88. '紫凤朝阳'（'Zi Feng Chao Yang'）

初生台阁型，高约60cm，中花品种。花紫红色，有光泽。下方花外瓣2～3轮，长椭圆形，较圆整，雄蕊部分瓣化，细碎，边缘色淡泛白，褶皱，雌蕊瓣化呈淡绿色彩瓣；上方花花瓣较大，3～4轮，直立，端部浅齿裂，泛白，雄雌蕊退化变小，心皮无毛、绿色，柱头淡粉色。生长势强，茎秆紫色，花朵直上，花繁叶茂，花期较长。适应性广，观赏价值高（图8-88）。

89. '紫绣球'（'Zi Xiu Qiu'）

初生台阁型，中花品种。花紫色。花瓣质硬，下方花花瓣大，微曲，端部粉紫色；上方花花瓣小，褶皱，近心处瓣直立，端部浅齿裂，有粉白色晕。茎秆硬，花朵向上，成花率高（图8-89）。

图 8-89 '紫绣球'

90. '大富贵'（'Da Fu Gui'）

彩瓣台阁型，高约90cm，传统早花品种。花瓣玫瑰红色。下方花外瓣4～5轮，瓣间有细碎的内瓣；雌蕊2～5枚，瓣化为具有深红色斑纹的内彩瓣。上方花花瓣2轮，雄蕊瓣化，花心内少许正常雄蕊。性喜光，长势强劲，株形圆整，茎秆硬且短，侧蕾多，开花繁茂，观赏效果佳（图8-90）。

图 8-90 '大富贵'

图 8-91　'粉池金鱼'

91.'粉池金鱼'（'Fen Chi Jin Yu'）

彩瓣台阁型，高约 110cm，中花品种。花瓣白色透粉，雄蕊瓣化，细碎，雌蕊瓣化为红色彩瓣，镶嵌于白色花瓣间。茎硬直立。株型高大，花繁叶茂，生长茂盛（图 8-91）。

图 8-92　'黄金轮'

92.'黄金轮'（'Huang Jin Lun'）

彩瓣台阁型，高约 90cm，传统中花品种。花瓣鲜黄色，下方花外瓣 2～3 轮，内瓣狭长内卷；雌蕊 5～6 枚，瓣化为黄绿色内彩瓣。上方花花瓣 2～3 轮，雄蕊正常，雌蕊有瓣化，柱头乳黄色。茎直立，叶稀疏，黄绿色。较耐阴，长势较弱，萌芽少，开花少，为稀有的黄花品种（图 8-92）。

图 8-93　'鲁红'

93.'鲁红'（'Lu Hong'）

彩瓣台阁型，中花品种。花紫红色。花瓣质硬，具光泽，下方花少量雄蕊正常，雌蕊瓣化为中部有白色条纹的紫红色花瓣；上方花花瓣紧凑，褶皱，向心处聚拢，近心处花瓣直立。茎秆细硬，花朵向上。株型高，成花率高，生长势强（图 8-93）。

94.'蓝田飘香'('Lan Tian Piao Xiang')

彩瓣台阁型，高约110cm，中花品种。花粉红色，稍带蓝色。下方花花瓣3～4轮，雄蕊变瓣渐宽大，雌蕊瓣化成彩瓣，粉色有白绿条纹；上方花花瓣1～2轮，雄瓣较短小，有少量雄蕊正常，雌蕊3～4枚，柱头白色。生长势强，开花繁茂，茎秆直立，有侧蕾，易开花，群体花期长，观赏性强（图8-94）。

图8-94 '蓝田飘香'

95.'杨妃出浴'('Yang Fei Chu Yu')

彩瓣台阁型至球花台阁型，高约115cm，晚花品种。花瓣初开粉色，盛开后变白，有时镶有紫色斑点。下方花花瓣2～3轮，宽大平展，雄瓣多轮；上方花花瓣2～3轮，雄瓣多短小，并有少量雄蕊未瓣化，雌蕊退化变小，柱头粉红色。茎直挺被白毛，叶大且密，上卷，叶背有毛。花朵向上。长势强劲，花大量多，色彩高雅，是晚花品种中的上品（图8-95）。

图8-95 '杨妃出浴'

96.'大红袍'('Da Hong Pao')

分层台阁型，高约100cm，中花品种。花玫瑰红色，花瓣外缘色浅。下方花花瓣3～4轮，宽大平展，内轮雄蕊变瓣细碎，并有一圈正常雄蕊，雌蕊变成花瓣；上方花花瓣3～4轮，雄蕊正常，雌蕊4枚，柱头乳白色。生长势强，株型大，花繁叶茂，侧蕾易开花，花期长，观赏价值佳（图8-96）。

图8-96 '大红袍'

97.'粉面桃花'('Fen Mian Tao Hua')

分层台阁型，高约 60cm，中花品种，偏晚。花粉色。下方花外瓣 2～3 轮，淡粉色稍带蓝色，边缘色淡，端部有浅裂，雄蕊部分瓣化并有少量残留，花瓣细碎，淡粉色；上方花花瓣直立，颜色与下方花外瓣相同，近心处花瓣小，雌蕊退化消失，雄蕊瓣化或仅存花药。生长势强，茎秆细长，有少量紫晕，枝叶繁茂，花朵侧垂，观赏性强（图 8-97）。

图 8-97　'粉面桃花'

98.'红凤换羽'('Hong Feng Huan Yu')

分层台阁型，高约 70 cm，晚花品种。花淡紫红色。下方花外瓣 3～4 轮，长椭圆形，端部有浅裂，稍向心抱；雄蕊瓣化，乳白色与紫红色相间，紫红瓣中央有一道白色条纹。上方花花瓣直立与下方花外瓣颜色相同，基部乳黄或乳白色，近心处花瓣细碎；雄蕊瓣化呈丝状瓣，端部存有花药；雌蕊消失。生长势强，株丛繁茂，茎秆翠绿，着花多，开花壮观，极具观赏价值（图 8-98）。

图 8-98　'红凤换羽'

99.'生丝绫'('Sheng Si Ling')

分层台阁型，中花品种。花紫红色。下方花外瓣多轮，端部多有缺刻，内瓣稍小；上方花外瓣 3～4 轮，外轮花瓣大，内瓣短小，褶皱，雄蕊部分瓣化，雌蕊正常。生长势强，茎秆挺直，花朵向上或侧开，适宜庭园观赏（图 8-99）。

图 8-99　'生丝绫'

图 8-100　'紫雁飞霜'

图 8-101　'种生粉'

图 8-102　'朝阳红'

100.'紫雁飞霜'（'Zi Yan Fei Shuang'）

分层台阁型，高约 60cm，中花品种。花粉紫色。下方花外瓣 2 ～ 3 轮，内瓣细小，雌蕊瓣化；上方花外瓣 4 轮，雄蕊瓣化，夹杂部分正常雄蕊，雌蕊 4 ～ 5 枚，柱头紫红色。生长势强，茎秆粗壮，开花整齐，观赏价值高（图 8-100）。

101.'种生粉'（'Zhong Sheng Fen'）

分层台阁型，高约 80cm，中花品种。花瓣粉红色。下方花外瓣 2 ～ 3 轮，宽大平展，雄蕊瓣化为细碎的瓣化瓣，雌蕊退化。上方花（1）花瓣 1 轮，雄蕊短且细，雌蕊退化；上方花（2）花瓣 2 轮，花瓣中夹杂少量雄蕊，雌瓣 5 枚，柱头白色；上方花（3）花瓣少。适应性强，生长旺盛，株型紧密，花大色艳，观赏价值高（图 8-101）。

102.'朝阳红'（'Zhao Yang Hong'）

分层台阁型至球花台阁型，中花品种，稍晚。花紫红色。下方花花瓣圆整，外展，端部偶有缺裂；上方花花瓣细碎，紧凑，褶皱，端部浅裂，粉白色。茎秆细直，花朵向上。植株低矮，生长势中（图 8-102）。

103.'富贵红'('Fu Gui Hong')

　　球花台阁型，中花品种。花浅红色。花瓣光滑，质软，端部多有缺刻，渐粉。生长势强，株丛高大，茎秆挺直坚硬，花朵向上或侧开，成花率高（图 8-103）。

图 8-103　'富贵红'

104.'蓝菊'('Lan Ju')

　　球花台阁型，中花品种。花粉蓝色。下方花花瓣 2 轮，平展，质硬，端部有裂，粉白色；上方花花瓣较小，紧凑，端部波状，浅粉蓝色。茎秆粗软，花朵向上。成花率高（图 8-104）。

图 8-104　'蓝菊'

105.'平顶红'('Ping Ding Hong')

　　球花台阁型，晚花品种。花红色。下方花花瓣稍疏松；上方花花瓣紧凑，稠密，圆整，端部粉白色，偶有缺裂，近心处花瓣聚拢，内曲。生长势弱，株丛低矮，茎秆细软，花朵侧开，成花率高（图 8-105）。

图 8-105　'平顶红'

图 8-106　'庆云红'

106.'庆云红'('Qing Yun Hong')

球花台阁型，中花品种。花紫红色，花瓣质硬。下方花花瓣外展，稍褶皱，卷曲；上方花花瓣稠密，近心处花瓣匙状，端部浅裂，粉白色。生长势强，植株高度适中，茎秆坚硬挺直，花朵向上，成花率高（图 8-106）。

——— 第二节 ———
国外主要观赏芍药品种介绍

一、中国芍药品种群（Lactiflora Group）

图 8-107　'Charlie's White'

1.'Charlie's White'('查理白')

重瓣型，早花品种。于 1951 年育出。株高为 90cm，茎秆粗壮，单茎多花。花白色，具有微香。外部花瓣阔大，围绕着内部由雄蕊瓣化而形成的球型花球，内部发出黄光，雌蕊正常。该品种为流行的切花品种（图 8-107）。

2. 'Mons. Jules Elie'（'朱尔斯·埃利先生'）

绣球型，中花品种。株高90cm，茎秆粗壮，植株稍斜向上生长，株型较疏松。花粉红色，花大，十分芳香，花头直立，单茎多花。外轮花瓣阔卵形，内瓣由外到内逐渐变窄。雄蕊完全瓣化；雌蕊部分瓣化或完全瓣化，亦存在心皮发育良好的情况，心皮2～3枚。作为母本培育出了许多优良的品种。该品种茎秆十分粗壮强健，适应力强，着花量大，是一个流传许久的优良切花品种（图8-108）。

图8-108　'Mons. Jules Elie'

3. 'Duchesse de Nemours'
（'内穆尔公爵夫人'）

重瓣型，中花品种。1856年由育种家Calot育出。株高90cm，茎秆粗壮，花期茎秆下垂，单茎多花。花白色，具有显著的芳香。雄蕊完全瓣化；雌蕊部分瓣化或瓣化完全。在育种中可作为母本，具有结实能力。该品种是优良的切花品种，在我国引种栽培适应性良好（图8-109）。

图8-109　'Duchesse de Nemours'

4. 'Sarah Bernhardt'（'莎拉·伯恩哈特'）

重瓣型，晚花品种。1906年出法国育种家育出。株高90cm，茎秆强壮，株型紧凑。花粉红色（边缘色淡），具香味，单茎多花。作为父本和母本均培育出新的品种，是经久不衰的切花品种（图8-110）。

图8-110　'Sarah Bernhardt'

图 8-111　'Sorbet'

图 8-112　'Taff'

图 8-113　'Kansas'

5. 'Sorbet'（'冰沙'）

重瓣型，中花品种。株高 75cm，茎秆偏细，植株直立，株型较紧凑。花粉白色，花香浓，花头直立，单茎多花。外轮花瓣粉色，顶端有裂；内瓣细碎，外层为白色，内层为粉色。雄蕊完全瓣化；雌蕊正常或部分瓣化。适应性较强，着花量多（图 8-111）。

6. 'Taff'（'塔夫'）

重瓣型，中花品种。株高 90cm，茎秆粗壮，植株直立，坚硬，少数斜向上生长，株型较紧凑。花粉色，花头直立。单茎多花。有正常雄蕊，花粉量大，但散粉较早；雌蕊少数，有瓣化现象。该品种生长健壮，着花量多，是优良的切花品种（图 8-112）。

7. 'Kansas'（'堪萨斯'）

重瓣型，中花品种。1940 年由 Bigger 育出。株高约 90cm，茎秆非常粗壮，生长强健，单茎多花。花亮红色，具有香味。雄蕊正常；雌蕊较小，柱头红色，心皮 3。侧蕾成花多，着花量多，生长势旺，是优良的切花品种。获 1957 年美国芍药牡丹协会"金牌奖"（图 8-113）。

图 8-114　'Karl Rosenfield'

图 8-115　'Bowl of Cream'

图 8-116　'Pink Cameo'

8.'Karl Rosenfield'（'卡尔·罗森菲尔德'）

重瓣型，中花品种。1908 年育出。株高 80cm，茎秆较粗壮，植株直立，株型紧凑。花红色，花大，无香味，花头直立，单茎多花。雄蕊正常，花药黄色；雌蕊较小，心皮 3～4。适应能力强，生长势强，着花量多。适于切花栽培和园林应用（图 8-114）。

9.'Bowl of Cream'（'奶油碗'）

重瓣型，中花偏晚品种。1963 年育出。株高约 80cm，叶绿色，有光泽。花奶白色，花大型，花径约 24cm，花大繁茂，具有强烈的香味。金色的雄蕊夹杂在花瓣中。获 1981 年美国芍药牡丹协会"金牌奖"（图 8-115）。

10.'Pink Cameo'（'粉红宝石'）

重瓣型，中花偏晚品种。株高约 80cm，茎秆粗壮，植株直立。花粉红色，花瓣边缘亮粉色，花径 15cm×12cm，花头直立，单茎多花。外部花瓣宽阔，内部花瓣细碎，花瓣顶端有裂，基部无斑纹。雄蕊完全瓣化；雌蕊正常，心皮 4～5，柱头绯红色。生长势强，成花率较高，是较好的切花品种（图 8-116）。

二、杂种芍药品种群（Hybrid Group）

图 8-117 'Little Red Gem'

1.'Little Red Gem'（'红宝石'）

单瓣型，极早花品种。株高 50cm，较矮，植株直立，株型呈球形，较紧凑。叶羽状深裂，排列紧密；叶较密，背有密毛，叶脉明显凹陷。花红色，花径 8cm×7cm，无香，花头稍弯曲，单茎单花。花瓣宽阔整齐，倒卵形，基部无斑。雄蕊正常，花药黄色，花药量较多，花丝白色；雌蕊裸露，心皮 2～3，浅绿，密被白色或红色绒毛，柱头白色或浅绿略红。生长势弱，成花率较低。可用于岩石园景观，亦可作为绿化边缘植物种植（图 8-117）。

图 8-118 'Roselette'

2.'Roselette'（'玫瑰情书'）

单瓣型，极早花品种。株高 85cm，茎秆强壮，植株直立，较紧凑。叶绿色，平展，排列稀疏，中型宽叶无毛。花玫瑰红色。花径 11cm×10cm，浓香，花头直立，单茎单花。花瓣宽阔整齐，稍向内卷，顶端偶有裂。雄蕊正常，花药量较多，花丝嫩黄；雌蕊裸露，心皮 3～4，淡绿，有毛，柱头紫红色。生长势强健，成花率高。该品种花期极早，于花园中早早地开花，如清晨的第一缕阳光。为中国芍药、细叶芍药、黄花芍药三重杂交而得的优秀品种（图 8-118）。

3.'Chalice'('圣杯')

单瓣型，极早花品种。株高90cm，植株下垂，排列稀疏。叶绿色，较大，小叶边缘呈紫红色，叶脉较深。花白色，大型，花径14cm×13cm，具有清香，花头稍有下垂，单茎单花。花瓣宽阔整齐，花瓣顶端偶有裂，基部无斑纹。雄蕊正常，花药量多，花丝基部暗红色；雌蕊裸露，心皮2～3，黄绿色，被毛，柱头紫红色。生长势适中，成花率较高（图8-119）。

图8-119　'Chalice'

4.'Pink Tea Cup'('粉红茶杯')

单瓣型，极早花品种。于2001年育出，是近些年来培育出的优良品种。株高50cm，茎秆粗壮直立，株型稀疏。花粉红色，花径12cm×8cm，花头直立，单茎单花。花瓣3轮，边缘具有波浪缺刻。雄蕊正常，多数，花药黄色；雌蕊正常，心皮4，浅绿色，柱头粉红色。开花早，花瓣紧凑似茶杯状，可作为切花。生长适应性适中，成花率一般（图8-120）。

图8-120　　'Pink Tea Cup'

5.'Firelight'('火焰')

单瓣型，极早花品种。美国桑德斯教授于1950年育出，为多元高代杂种。株高为90cm，茎秆粗壮直立，植株较稀疏。叶绿色，被毛。花亮粉色，基部有红斑，花径10cm×8cm，花头直立，单茎单花。花瓣2轮，阔卵圆形。雄蕊正常，多数，花药、花丝均黄色；雌蕊正常，心皮3枚，浅绿色，被毛，柱头红色。该品种亲本来源广泛，基部具有花斑在芍药品种中不多见。开花早，花色艳丽，花茎挺直且长，园林中应用表现突出，也可作为切花。引种中国生长势一般，发芽数量偏少（图8-121）。

图8-121　　'Firelight'

图 8-122　'Athena'

图 8-123　'May Lilac'

图 8-124　'Garden Peace'

6. 'Athena'（'雅典娜'）

单瓣型，极早花品种。美国桑德斯教授于1955年育出，为多元高代杂种。株高75cm，茎秆较粗壮，植株稍斜向上生长。花乳白色，基部有红斑，花头直立，单茎单花。花瓣2轮，宽阔卵圆形，花瓣有皱褶。雄蕊正常，多数，花药、花丝均为黄色；雌蕊正常，心皮2枚，浅绿色，柱头红色。该品种亲本来源广泛，花色斑驳，具有较好的观赏价值（图8-122）。

7. 'May Lilac'（'五月丁香'）

单瓣型，早花品种。美国桑德斯教授于1950年育出。株高80cm，植株直立，茎秆粗壮。花浅紫色，花径10cm×9cm，花头直立，浓香，单茎单花。花瓣2轮，外轮4枚，内轮5枚；花瓣宽阔整齐，向中心聚扰，花瓣基部有淡紫色条纹，顶端稍有裂。雄蕊正常，花药量较多，花丝基部与花瓣同色；雌蕊正常，心皮3枚，柱头紫红色。叶翠绿，小叶平展，排列稀疏；中型宽叶，背有毛。生长势弱，成花率中。该品种正如其名字，浅紫色花如五月丁香，尽情开放，适于庭院观赏（图8-123）。

8. 'Garden Peace'（'和平公园'）

单瓣型，早花品种。美国桑德斯教授于1941年育出。株高90cm，茎秆粗壮，植株稍斜向上生长。花白色，花大，花头直立，单茎多花。花瓣2轮，阔大，顶端稍有裂。雄蕊正常，多数，花药黄色，花丝上部为黄色，下部为浅红色；雌蕊正常，心皮3枚，黄色，被毛，柱头红色。该品种侧蕾较多，花朵硕大，整体的花期较长。红色的中心由黄色的雄蕊群所包围，白色的花瓣与中心形成了鲜明的对比，纯白无暇。适于庭院栽培，具有很好的观赏价值（图8-124）。

图 8-125　'Roy Pehrson Best Yellow'

9. 'Roy Pehrson Best Yellow'（'罗伊经典黄'）

单瓣型，早花品种。株高 80cm，茎秆较粗壮，株型稀疏。花浅黄色，花径 11cm×10cm，花头直立，单茎单花。花瓣宽阔整齐。雄蕊正常，花药量较多，花丝嫩黄；心皮 3～4 枚，淡黄绿色，有毛。生长势一般，成花率较高，着花量少（图 8-125）。

图 8-126　'Buckeye Belle'

10. 'Buckeye Belle'（'巴克尔·贝拉'）

单瓣型，早花品种。株高约 75cm。花黑红色，花大，花头直立，单茎单花。内部花瓣狭窄，与雄蕊相互穿插，花药黄色，花丝红色；雌蕊正常，心皮 5～7 枚，浅黄色，柱头桃红色。生长较强健，着花量中。黑红色的花较少见，是优良的切花品种（图 8-126）。

图 8-127　'Cream Delight'

11. 'Cream Delight'（'奶油之悦'）

单瓣型，早花品种。株高 70cm，茎秆粗壮、直立，株型较紧凑。叶绿色，中型宽叶，无毛。花为奶油黄色，浓香，花径 11cm×10cm，花头直立，单茎单花。花瓣宽阔整齐，花瓣顶端稍有裂，基部有淡黄斑。雄蕊正常，花药量较多，花丝很长，嫩黄；雌蕊正常，心皮 1～2 枚，浅黄绿，有毛，柱头淡粉色。生长势较强，成花率中（图 8-127）。

12.'Coral Sunset'（'珊瑚落日'）

半重瓣型，早花品种。株高约85cm，茎秆粗壮。花珊瑚色，随着花朵的的开放逐渐转为象牙白色，花头直立，单茎单花。雄蕊正常，深黄色，花药多；雌蕊正常，心皮6～8枚，柱头肉粉色。生长强健，着花量较多。优良的切花品种，花色新奇，获2003年美国芍药牡丹协会"金牌奖"（图8-128）。

图8-128 'Coral Sunset'

13.'Brightness'（'亮光'）

单瓣型，极早花品种。于1947年育出。株高75cm，茎秆粗壮直立。花亮红色，花径13cm×8cm，花头直立，单茎单花。花瓣2～3轮，花瓣宽阔整齐。雄蕊正常，多数，花药黄色，花丝淡黄色；雌蕊正常，心皮2枚，乳黄色，柱头乳白色。该品种花期极早，有效的延长了芍药的观赏花期，花色鲜艳，十分喜人。花蕾圆形，饱满，具有很好的观赏价值，是较好的切花品种（图8-129）。

图8-129 'Brightness'

14.'John Harvard'（'约翰·哈佛'）

单瓣至半重瓣型，中花品种。于1939年育出。株高90cm，茎秆较粗壮，植株直立，株型较稀疏。花黑红色，花头直立，单茎单花，具有清香。花瓣阔卵形，顶端全缘，2～4轮。雄蕊正常，花药黄色，花丝红色；雌蕊正常，心皮3枚，淡黄色，柱头粉红色。黑红色花品种较少，比较珍贵，花型规整，茎秆粗壮，可作为切花栽培，但单株芽的数量偏少，引种生长适应性一般（图8-130）。

图8-130 'John Harvard'

15. 'Lovely Rose'（'玫瑰之约'）

半重瓣型，早花品种。株高70cm，植株稍矮，松散。花粉红色，花径7cm×7cm，淡香，花头直立，单茎单花。花瓣宽阔整齐，花瓣顶端有开裂，基部无斑纹。雄蕊正常，花药量较多，花丝浅黄；心皮2枚，柱头白色。生长势较强，成花率一般（图8-131）。

图8-131　'Lovely Rose'

16. 'Lemon Chiffon'（'柠檬雪纺'）

半重瓣型，早花品种。美国育种家于1981年育出。株高70cm，茎秆粗壮直立，株型较稀疏。花黄色，花较大，花头直立，单茎多花。花瓣阔大，顶端偶有浅裂，6～7轮。雄蕊正常，多数，花药、花丝均为黄色；雌蕊正常，心皮4枚，淡黄色，被毛，柱头粉红色。该品种花色为黄色，在芍药品种中较少，且具有育性，可获得种子。生长适应性较强，着花量适中（图8-132）。

图8-132　'Lemon Chiffon'

17. 'Scarlet O'Hara'（'鲜红哈拉'）

单瓣型，早花品种。株高90cm，植株直立，茎秆十分粗壮，株型紧凑。花绯红色，花径12cm×11cm，花头直立，单茎单花，偶有多花。花瓣阔大，顶端有裂。雄蕊正常，花药量较多；雌蕊裸露，心皮2～3枚，浅黄绿色，被毛，柱头桃红色。生长势强，成花率高。该品种绯红色的花朵艳丽喜人（图8-133）。

图8-133　'Scarlet O'Hara'

图 8-134　'Carina'

图 8-135　'Cytherea'

图 8-136　'Coral Charm'

18. 'Carina'（'卡瑞娜'）

单瓣至半重瓣型，早花品种。株高60cm，植株直立，株型紧凑。叶绿色，较密集。花亮红色，花径12cm×11cm，花头直立，单茎单花。花瓣宽阔，成波浪状。雄蕊正常，花药黄色，花药量多，花丝白色；雌蕊正常，心皮4～5枚，浅黄绿色，有毛，柱头与花瓣同色。生长势强，成花率较高。可作切花使用，亦是优良的庭园观赏品种（图 8-134）。

19. 'Cytherea'（'维纳斯女神'）

半重瓣型，早花品种。美国桑德斯教授于1953年育出。株高80cm，茎秆粗壮。花深玫红色，杯状，花径9cm×8cm，花头直立，单茎单花。花瓣顶端稍有裂。雄蕊正常，花药量较多；雌蕊正常，心皮4～5枚，黄绿色，有毛，柱头与花瓣同色。优良的切花芍药品种，获1980年美国芍药牡丹协会"金牌奖"（图 8-135）。

20. 'Coral Charm'（'魅力珊瑚'）

半重瓣型，早花偏中品种。株高约90cm，茎秆粗壮。花珊瑚粉色，随着开放逐渐变为奶油色，花头直立，单茎单花，花繁叶茂。雄蕊正常，花药较多；心皮4枚，绿色，柱头肉粉色。该品种生长强健，着花量较多。珊瑚色的花十分新奇，具有魅力，是优良的切花品种。获1986年美国芍药牡丹协会"金牌奖"（图 8-136）。

图 8-137　'Many Happy Returns'

21.'Many Happy Returns'('福至如归')

重瓣型，中花品种。株高 70cm，茎秆直立、粗壮，株型紧凑。小叶稍内卷，排列紧密，无毛。花朵砖红色，花径 13cm×12cm，花头直立，单茎单花；外部花瓣宽阔，内部花瓣细碎，花瓣顶端有裂，基部无色斑。雄蕊全部瓣化；雌蕊正常，心皮 4～5 枚，浅绿色，柱头桃红色。生长势强健，成花率中，是优良的切花品种（图 8-137）。

图 8-138　'Prairie Moon'

22.'Prairie Moon'('草原月光')

单瓣至半重瓣型，中花品种。于 1959 年育出。株高 80cm，茎秆粗壮直立，株型稀疏。花浅黄色，花大，花头直立，单茎单花。花瓣阔大，3～5 轮。雄蕊正常，多数，花药、花丝均为黄色；雌蕊正常，心皮 3 枚，绿色，柱头乳白色。茎秆较粗，坚硬，但是发芽能力一般，生长适应性中（图 8-138）。

图 8-139　'Red Charm'

23.'Red Charm'('红色魅力')

绣球型，早花品种。株高 90cm，茎秆粗壮。花鲜红色，花大，花头直立，单茎单花。外轮花瓣宽阔。雄蕊完全瓣化为花瓣，狭窄细碎；雌蕊正常，心皮 4～5 枚。生长势强，着花量较多。该品种是优良的切花品种，获 1956 年美国芍药牡丹协会"金牌奖"（图 8-139）。

24.'Etched Salmon'('蚀刻鲑鱼')

重瓣型，中花品种。株高 90cm，植株直立，紧凑。叶绿色，光滑，平展，排列紧密。花粉色，花径 9cm×8cm，花头直立，单茎单花。外部花瓣宽阔，内部花瓣较细碎，顶端偶有裂。雄蕊完全瓣化；心皮 3～6 枚，浅绿色，无毛，柱头桃红色。生长势强，成花率高，是优良的切花品种（图 8-140）。

图 8-140 'Etched Salmon'

25.'Joker'('王牌')

重瓣型，中花品种。株高 80cm，植株直立，株型紧凑。花粉红色，花径 11cm×10cm，花头直立，单茎单花。外部花瓣宽阔，内部花瓣细碎，花瓣顶端有裂，基部无斑纹。雄蕊、雌蕊均完全瓣化。生长势一般，成花率较高，是较好的切花品种（图 8-141）。

图 8-141 'Joker'

26.'Command Performance'('御前演出')

重瓣型，中花品种。株高 75cm，茎秆粗壮挺直，株丛稀疏。叶绿色，小叶略内卷，较密。花鲜红色，花径 13cm×12cm，花头直立，单茎单花。花瓣宽阔，顶端有裂。雄蕊完全瓣化；雌蕊正常，心皮 3～5 枚，黄绿色，被有少量毛，柱头玫红色。生长势强，着花量较好，是优良的切花品种（图 8-142）。

图 8-142 'Command Performance'

27. 'Fairy Princess'（'童话公主'）

单瓣型，中花品种。株高 55cm，植株直立，紧凑。叶绿色，小叶较小，排列紧密。花正红色，花径 10cm×10cm，花头直立，单茎单花。花瓣宽阔平展，无裂。雄蕊正常，花药量多，花丝白色，较短；雌蕊裸露，心皮 3～5 枚，浅绿色，有毛，柱头乳白色。生长势强，成花率高。可作为地被观花植物栽植于绿化边缘（图 8-143）。

图 8-143　'Fairy Princess'

28. 'Pink Hawaiian Coral'
（'粉色夏威夷珊瑚'）

半重瓣型，早花品种。株高为 75cm，茎秆粗壮，植株直立。花粉珊瑚色，花头直立，单茎单花。花瓣阔卵圆形，顶端偶有裂。雄蕊正常，花药、花丝均为黄色；雌蕊正常，心皮 5～7 枚，被毛，柱头粉红色。该品种花色新奇，富有魅力，可作为切花。获得 2000 年美国芍药牡丹协会"金牌奖"（图 8-144）。

图 8-144　'Pink Hawaiian Coral'

29. 'Henry Bockstoce'（'亨利·布克斯特'）

重瓣型，中花偏晚品种。株高 90cm，植株直立，株型稀疏。花鲜红色，花径 11cm×10cm，花头直立，单茎单花。外部花瓣宽阔，内部花瓣细碎，花瓣顶端有裂，基部无斑纹。雄蕊完全瓣化；雌蕊正常，心皮 3～7 枚，白色，被毛，柱头白色。生长势一般，成花率较高，是优良的切花品种（图 8-145）。

图 8-145　'Henry Bockstoce'

图 8-146 'Old Faithful'

30. 'Old Faithful'（'古老信仰'）

重瓣型，晚花品种。株高 90cm，茎秆粗壮直立，株型紧凑。叶绿色，叶面光滑，肥厚，叶背密被白色绒毛；小叶稍卷曲，狭长稀疏。花黑红色，花径 12cm×12cm，花头直立，淡香，单茎单花或多花；花瓣多轮，由外向内变小，基部无斑纹。雄蕊大部分瓣化，有少数花药；心皮 7 枚，浅黄绿，有毛，柱头乳白色。生长势强健，成花率中，是优良的切花品种（图 8-146）。

三、伊藤芍药品种群（Itoh Group）

1. 'Border Charm'（'边境魅力'）

半重瓣型，中花品种。株高 70cm，植株直立，较紧凑。花黄色，花径 8cm×7cm，花头下垂。花瓣顶端有裂，基部有暗红色斑。雄蕊正常，花药量少，花丝黄色；心皮 5～6 枚，浅黄绿，有毛，柱头桃红色。生长势强，成花率高。适于庭园栽培（图 8-147）。

图 8-147 'Border Charm'

2. 'Going Bananas'（'流行蕉黄'）

单瓣型，中花品种。株高 80cm，株型紧凑。花黄色，花径 15cm×14cm，花头直立。花瓣宽阔平展，基部有暗红色斑，偶有裂。雄蕊正常，花药量较多，花丝黄色；心皮 3～5 枚，浅绿色，被毛，柱头黄绿色。生长势强，成花率高。适于庭园栽培（图 8-148）。

图 8-148 'Going Bananas'

图 8-149　'Prairle Charm'

3.'Prairle Charm'（'草原风情'）

半重瓣型，中花品种。株高 65cm，植株直立，株型紧凑。花浅黄色，花径 13cm×12cm，花头下垂。花瓣顶端多有裂，基部有暗红色斑。雄蕊正常，花药、花丝均为黄色；雌蕊正常，心皮 4～5 枚，浅绿色，无毛，柱头浅黄色。生长势适中，抗性稍弱，成花率较高。适于庭园观赏栽培（图 8-149）。

图 8-150　'Lemon Dream'

4.'Lemon Dream'（'柠檬美梦'）

半重瓣型，中花品种。株高 75cm，植株直立，株型紧凑。花淡黄色，花径 11cm×10cm，花头直立。花瓣 3～5 轮，外轮花瓣宽阔，内部花瓣狭长细碎，花瓣顶端有裂，基部有紫红色斑。雄蕊正常，花药、花丝均为黄色；心皮 4～7 枚，浅绿色，被毛，柱头浅黄色。生长势强，成花率高。适于庭园观赏栽培（图 8-150）。

图 8-151　'Old Rose Dandy'

5.'Old Rose Dandy'（'玫红花公子'）

单瓣型，中花品种。株高 70cm，植株下垂，株型紧凑。花橙黄色，花开后褪为黄色，花径 12cm×11cm，花头下垂。花瓣 2～3 轮，花瓣宽阔整齐，顶端有裂，基部有暗红色斑。雄蕊正常，花药、花丝均为黄色；雌蕊正常，心皮 4～5 枚，被毛，柱头浅橙色。生长强健，成花率高。适于庭园观赏栽培（图 8-151）。

6. 'Bartzella'（'巴茨拉'）

半重瓣型，中花品种。由育种家 Anderson 培育，于 1986 年在 APS 登录。杂交亲本：白色重瓣的中国芍药品种（母本）× Reath 的杂种牡丹（父本）。株高约 80cm，较其他伊藤芍药品种普遍要高，茎秆粗壮。1986 年首次开花。花黄色，花瓣基部有红斑。花径 15 ～ 20cm，有香味，是非常难得的优秀的伊藤芍药品种。2002 年获得最佳展示奖；2006 年获 APS 金奖；2009 年获得景观价值奖。这个品种也是国内现在伊藤芍药品种流通量最大的一个品种（图 8-152）。

图 8-152 'Bartzella'

7. 'Hillary'（'希拉里'）

半重瓣型，中花品种。由育种家 Anderson 培育，于 1999 年在 APS 登录。该品种为 '巴茨拉'（'Bartzella'）自然授粉得到的种子。株高 90cm 左右。1990 年首次开花。花瓣红黄交杂，外层花瓣的黄色逐渐褪去，内部花瓣一直保持红色，绚烂夺目；植株抗性优良；无育性。2009 年获得 APS 景观价值奖（图 8-153）。

图 8-153 'Hillary'（木头 供图）

8. 'Lollpop'（'棒棒糖'）

半重瓣型，中花品种。由育种家 Anderson 培育，于 1999 年在 APS 登录。杂交亲本：Anderson 的未命名中国芍药品种群的芍药种苗（母本）× 牡丹亚组间杂交种 'D-79'（父本）。株高约 75cm。1989 年首次开花。花瓣黄色具红色糖果条纹，非常吸引眼球。植株适应性强，花量大（图 8-154）。

图 8-154 'Lollpop'

图 8-155 'Julia Rose'

9. 'Julia Rose' ('茱莉娅玫瑰')

半重瓣型，中花品种。由育种家 Anderson 培育。未进行国际登录，杂交亲本不详。花瓣初期为樱桃红色，后变为橙色，最后褪为淡黄色，同一植株上可以同时看到三种花色，非常吸引人。具淡香。花茎较长，叶色浓绿，株高约 90cm（图 8-155）。

图 8-156 'Scarlet Heaven'

10. 'Scarlet Heaven' ('绯红天堂')

单瓣型，中花品种。由育种家 Anderson 培育。1989 年首次开花，1999 年进行国际登录。杂交亲本：芍药（中国芍药品种群）'Martha W.' 的后代（母本）× 牡丹亚组间杂交种 'Thunderbolt'（父本）。花色为猩红色。株高约 70cm。花高于叶片，株型优美，是一个非常受欢迎的品种（图 8-156）。

图 8-157 'First Arrival'

11. 'First Arrival' ('初至')

半重瓣型，中花品种。由育种家 Anderson 培育，1984 年首次开花。杂交亲本：芍药（中国芍药品种群）'Martha W'（母本）× Reath 的牡丹亚组间杂交种（父本），幼苗编号 # A80-01。初开类似薰衣草的粉色，开放过程中逐级开大，花色变淡，变为浅粉色。无花粉和种子。株高约 60cm，花朵直径约 12.5cm，叶片深绿（图 8-157）。

参考文献

蔡长福，刘改秀，成仿云，等.2015.牡丹遗传作图最适万分离群体的选择[J].北京林业大学学报，37(3):139-147.

陈淏子（清）.1979.花镜[M].北京：中国农业出版社.

陈军国.2006.明代志怪传奇小说研究[M].天津：天津古籍出版社.

付喜玲.2009.芍药茎插繁殖技术及生根机理的研究[D].泰安：山东农业大学.

季丽静.2013.观赏芍药部分新种质SSR遗传多样性分析及DNA指纹图谱构建[D].北京：北京林业大学.

李斗（清）.2007.扬州画舫录[M].上海：中华书局.

李汝珍（清）.2008.镜花缘[M].北京：华夏出版社.

刘向，刘歆（汉）校勘.2002.山海经[M].北京：宗教文化出版社.

陆光沛，于晓南.2009.美国芍药牡丹协会金牌奖探析[J].中南林业科技大学学报，29(5)：191-194.

陆光沛，于晓南.2010.杂种芍药新类群及其在园林花境中的应用[C]//中国观赏园艺研究进展.北京：中国林业出版社.

潘荣陛（清），等.1981.帝京岁时纪胜·燕京岁时记·人海记·京都风俗志[M].北京：北京古籍出版社.

秦魁杰.2004.芍药[M].北京：中国林业出版社.

舒迎澜.1991.芍药史研究[J].古今农业，(2)：56-61.

舒迎澜.1993.古代花卉[M].北京：古代农业出版社.

宋焕芝，于晓南.2011.中西方芍药花语及其景观应用[C]//中国风景园林学会2011年会论文集.北京：中国建筑工业出版社.

苏轼（宋）.2005.东坡全集[M].长春：吉林出版集团.

王功绢.2011.论中国文学中的芍药意象[J].名作欣赏，(3)：118-121.

王观（宋）.1984.扬州芍药谱丛书集成新编[M].台北：新文丰出版社.

王建国，张佐双.2005.中国芍药[M].北京：中国林业出版社.

小熊亮子.2004.古代本草著作中白芍、赤芍之研究[D].北京：北京中医药大学.

小熊亮子.2005.中日芍药文献的比较研究[D].北京：北京中医药大学.

于晓南，苑庆磊，郝丽红.2014.芍药作为中国"爱情花"之史考[J].北京林业大学学报：社会科学版，13(2)：26-31.

于晓南，苑庆磊，宋焕芝.2011.中西方芍药栽培应用简史及花文化比较研究[J].中国园林，(6)：77-81.

于晓南，赵蓉，姚苗笛，等.2007.国外观赏芍药的育种与应用研究[J].现代林业科技，1(1)：77-81.

苑庆磊，于晓南.2011.牡丹、芍药花文化与我国的风景园林[J].北京林业大学学报：社会科学版，10(3)：53-57.

张岱（明）.2005.夜航船[M].成都：四川文艺出版社.

张岱（明）.2007.陶庵梦忆·西湖梦寻：元明史料笔记[M].上海：中华书局.

张启翔 . 2001. 中国花文化起源与形成研究（一）：人类关于花卉审美意识的形成与发展 [J]. 中国园林，
　　(1)：73-76.

张建军，杨勇，于晓南 . 2018. 芍药根茎芽发育及更新规律的形态学研究 [J]. 西北农业学报，
　　27(7):1008-1016.

郑樵（宋）. 1990. 通志略 [M]. 上海：上海古籍出版社 .

Greta M Kessenich, Don Hollingsworth. 1990. The American Hybrid Peony [M]. Hopkins: The American
　　Peony Society.

Guo L P, Wang Y J, Silva JATD, et al. 2019. Transcriptome and chemical analysis reveal putative genes
　　involved in flower color change in *Paeonia* 'Coral Sunset' [J]. Plant Physiology and Biochemistry, 138:130-
　　139.

Halda J J, Waddick J W. 2004. The genus Paeonia [M]. Portland: Timber press.

Hao L H, Ma H, Silva JATD, et al. 2006. Pollen Morphology of Herbaceous Peonies with Different Ploidy
　　Levels[J]. Journal of the American Society for Horticultural Science, 141(3):275-284.

James B. 1928. Peonies: The Mannual of the American Peony Society [M]. APS.

Ji L J, Silva JATD, Zhang J J, et al. 2014. Development and application of 15 novel polymorphic microsatellite
　　markers for sect. *Paeonia* (*Paeonia* L.) [J]. Biochemical Systematics and Ecology, 54:257-266.

Ji L J, Wang Q, Silva JATD. 2012. The genetic diversity of *Paeonia* L. [J]. Scientia Horticulturae, (143) :62-
　　74.

Myron D Bigger, Marvin C Karrels, William H Krekler, et al. 1962. The Peonies [M]. Washington D. C.: The
　　American Horticultural Society.

Nehrling A, Nehrling I. 1960. Peonies-Outdoors and in [M]. New York: Dover Publications.

Rina Kamenetsky, John Dole. 2012. Herbaceous Peony (*Paeonia*): Genetics, Physiology and Cut Flower
　　Production [J]. Floriculture and Ornamental Biotechnology, 6: 62-77.

Rogers A. 1995. Peonies [M]. Portland: Timber Press.

Yang L H, Zhang J J, Silva JATD, et al.Variation in Ploidy and Karyological Diversity in Different Herbaceous
　　Peony Cultivar Groups[J]. Journal of the American Society for Horticultural Science, 2017, 142(4):272-278

Zhang J J, Zhu W, Silva JATD, et al. 2019. Comprehensive Application of Different Methods of Observation
　　Provides New Insight into Flower Bud Differentiation of Double-flowered *Paeonia lactiflora* 'Dafugui' [J].
　　HortScience, 54(1): 28-37.

观赏芍药检索表